3 데이즈 *in* 도쿄

RHK 여행연구소 지음

3 DAYS *in* Tokyo

목차 *Contents*

DAY 1 도쿄의 과거와 현재를 만나다

DAY 2 일본의 독특한 매력에 풍덩 빠지다

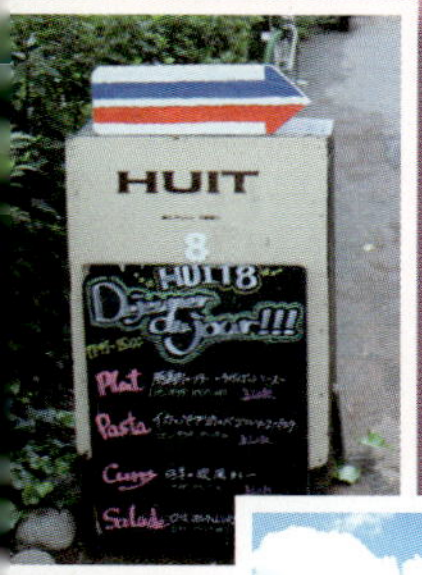

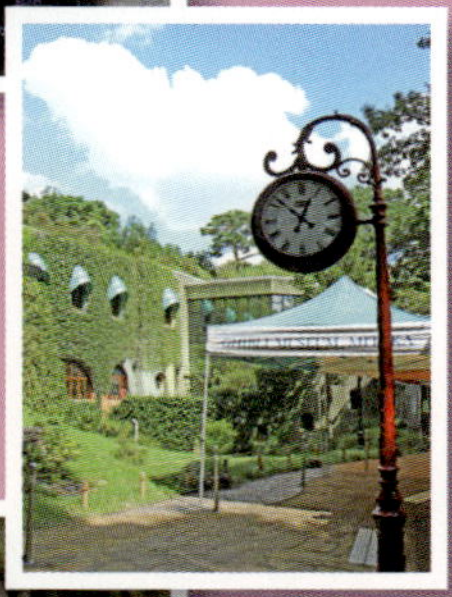

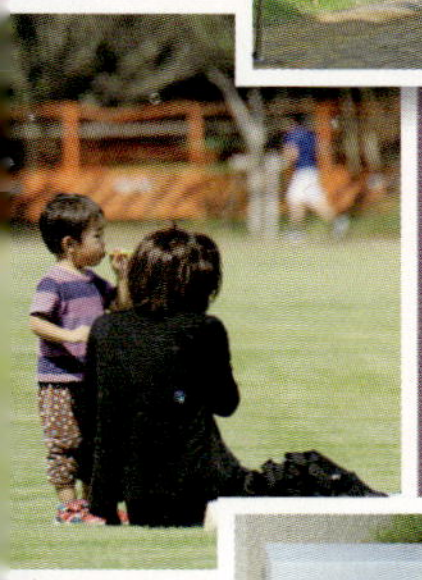

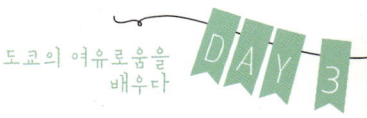

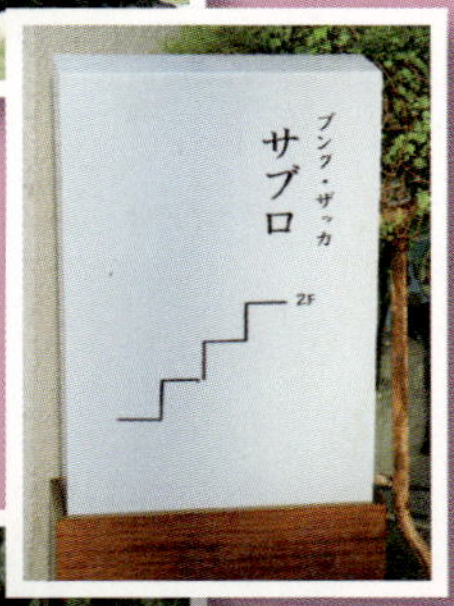

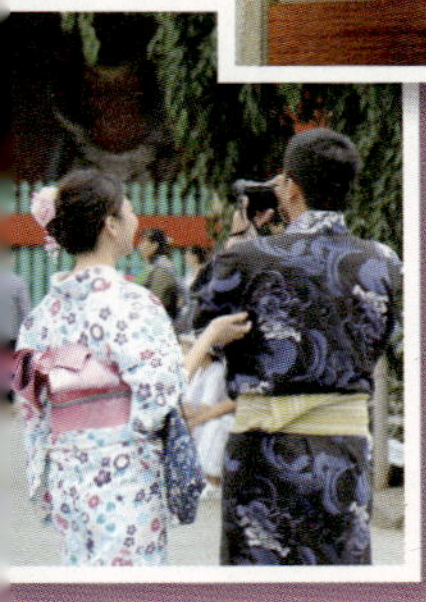

Special & Column

DAY 3

도쿄의 여유로움을 배우다

번외편

도쿄를 조금 더 즐기고 싶다면

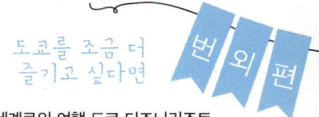

프롤로그

도쿄!

정치와 행정, 경제, 문화의 중심지로서 일본의 중심을 잡고 있는 이 거대한 도시에는 관광객들의 눈길을 사로잡는 다양한 지역들이 존재합니다. 도쿄하면 가장 먼저 떠오르는 신주쿠를 비롯해 시부야, 하라주쿠, 오다이바 등은 도쿄를 처음 여행할 때 반드시 들르는 장소로 손꼽히는 곳입니다.

이 책에서는 이러한 유명 관광지를 소개하는 것이 아닌, 조금은 덜 메이저 한 스폿들을 중심으로 여행 이야기를 꾸려나갈 예정입니다. 3일간 시간대별로 도쿄의 발전상, 독특한 문화, 정서를 느낄 수 있도록 코스를 제공합니다.

이미 많은 사람들이 찾고 있고 알고 있다고 자부하는 도쿄! 이곳의 숨은 여행지와 새로운 탐닉 방법을 여행자들에게 제안합니다.

RHK 여행연구소

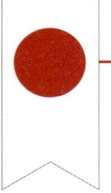

일본은 어떤 나라일까 ?

일본어로 니혼(にほん) 혹은 닛폰(にっぽん)이라 부르는 일본은 '해의 중심이 되는 나라'라는 뜻을 담고 있다. 면적은 37만 7835㎢로 한국의 4배이며 인구는 약 1억 2500만 명이다. 국내총생산액은 약 6조 정도로 세계 3위를 차지하고 있다.

현재의 일본인이 어떻게 형성되었는가에 대해서는 명확하지 않지만 토착민이던 야마토(大和) 민족을 중심으로 일본 열도 각지에 산재해 있던 여러 인적 집단을 차례차례 복속하고 동화해 온 것으로 추측된다.

일본은 입헌군주제 국가로 자신의 생일을 말하거나 날짜를 기입할 때 서기가 아닌 원호를 기준으로 하는 사람이 많다. 1989년 1월 7일 쇼와(昭和) 일왕이 사망한 후 1월 8일부터 현재까지 새로운 원호인 헤이세이(平成)를 사용하고 있다. 현재 년도에서 1988을 빼면 헤이세이 연수를 알 수 있다.(2015년 현재 헤이세이 27년)

일본에서 가장 넓고 깊게 자리 잡고 있는 종교는 토착신앙인 신도와 외래종교인 불교이다. 하지만 일본 사람들은 생활관습으로서 신도와 불교를 받아들일 뿐 종교로 받아들이는 사람은 많지 않다.

도쿄는 이런 도시

일본의 과거와 현재를 가장 드라마틱하게 만날 수 있는 수도 도쿄

여행자 만족도 1위
(2013년 트립어드바이저)

치안이 좋은 도시 1위
(2015 이코노미스트)

세계의 살기 좋은 도시 1위
(2015 모노클지)

세계 도시 종합 랭킹 4위
(2015 모리기념관)

외국인
방문객수

1위

2010년
일본정부관광국

1인당
맥주 소비량

1위

2013년
일본국세청

호텔수

2위

2013년
후생노동성

1인당
와인 소비량

2위

2012년
국세청

지역
매력도

4위

2014년
지역브랜드조사

재일외국인수

1위

2011년
법무성

도쿄대학
합격자수

1위

2013
선데이

1인당
현내총생산

1위

2010년
내각부

여행을 떠나기 전에

어느 계절이 좋을까?

도쿄 관광은 벚꽃과 단풍을 볼 수 있는 봄과 가을이 가장 인기이다. 하지만 이 시기에는 관광객이 몰려 어느 곳에 가도 사람이 많고 호텔 요금과 비행기 티켓값이 평소보다 비싸다는 단점이 있다. 여름에는 태풍을 포함해 비오는 날이 많이 와서 비행기가 결항하거나 여행 중 불편을 느끼는 사람이 많다. 하지만 다양한 지역 축제와 도쿄 최대의 불꽃축제인 스미다가와 하나비타이카이 등 볼거리가 많아 놓치기 아쉬운 계절이다. 겨울에는 날씨가 한국보다 따뜻한 편이어서 생각보다 활동적으로 돌아다닐 수 있으며 도쿄를 아름답게 휘감는 일루미네이션을 감상할 수 있다. 계절별로 다양한 매력이 있는 곳이니 자신의 취향에 맞춰 여행일정을 짜보자.

요일 선택도 중요

한국은 매일 영업하는 가게들이 많지만 일본의 많은 가게가 정기 휴무일을 가진다. 꼭 가고 싶었던 가게가 쉬는 날이어서 들를 수 없는 일이 생길 수도 있으니 미리 확인하자.

영업시간 재확인

일본은 계절이나 요일에 따라 영업시간이 바뀌는 곳이 많다. 가게 홈페이지 등에서 최신 정보를 꼭 확인해볼 것.

언어

공용어는 일본어이다. 호텔에선 대부분 영어가 통하는 편이지만 레스토랑이나 상점 등에서는 전혀 통하지 않는 경우도 종종 있다.

돈

일본의 통화는 엔(JPY). 1JPY=약 950원. 상점과 음식점에는 소비세(8%)를 제하고(税抜き) 표기해 놓은 곳이 있으니 미리 확인해야 계산 시 당황하는 일이 없다. 또한, 한국과는 다르게 어디서든 신용카드를 사용할 수 있는 것은 아니다. 간혹 해외 결제용 카드 비밀번호 6자리를 눌러야 하는 곳도 있으니 출국 전 확인이 필요하다.

교통

도쿄는 큰 도시로 이동 시 전철과 메트로, 버스를 이용하게 된다. 택시의 경우엔 한국과 비교하여 기본료가 2배 정도 차이가 나므로 꼭 이용해야 하는 상황이 아니면 대중교통을 이용하는 편이 좋다.

공항에서 도쿄 시내까지

하네다공항은 도쿄 도심에서 남서쪽으로 16km 거리에 있어 이동하는데 별다른 부담이 없다. 케이큐쿠코센(京急空港線)을 타면 시나가와(品川)역까지 13~19분(410엔)이면 이동할 수 있다. 시나가와역에서는 도쿄 도심을 순환하는 환상선 JR 야마노테센(山手線)으로 갈아탈 수 있다.

> **TIP**
> 도쿄 각 지역으로 운행하는 리무진 버스도 있지만 국제선에 터미널이 없어 국내선으로 이동해야 하며 가격도 비싸다는 이유로 전철보다 이용객이 적은 편이다. 하지만 짐이 많거나 리무진버스가 정차하는 호텔에 묵는 사람에게는 편리한 이동수단이 될 수도 있으니 미리 확인해 볼 것!
> www.limousinebus.co.jp/kr

이 책에서 소개하는 정보는 2015년 10월 정보입니다.

전철과 버스를 타보자

일본은 대중교통인 전철과 메트로, 버스가 잘 갖추어져 있다. 하지만 노선이 매우 복잡하여 갈아타는 것이 쉬운 편이 아니다. 특히 티켓을 구매할 때 회사가 다른 노선으로 갈아타기 위해서는 매번 티켓을 새로 구매해야 하므로 여간 피곤한 일이 아니다. 이때 이용하면 좋은 것이 바로 스이카(Suica)라는 IC 교통카드. 이 카드 한 장이면 JR부터 메트로, 도에이지하철, 시내버스 등 대부분의 교통수단을 이용할 수 있다.

스이카

스이카 마크가 붙은 자동발매기 혹은 티켓오피스 미도리노마도구치(みどりの窓口)에서 구입할 수 있다. 자동발매기 같은 경우엔 구매할 수 있는 기계와 그렇지 않은 기계가 있으니 잘 확인할 것. 구매 시엔 언어 설정을 영어로 바꾸면 편리하다. 영수증이 필요하면 결제 후에 반드시 영수증 버튼을 클릭한다. 최초 구입액은 2000엔이며, 그중 500엔은 보증금인데 스이카 환불 시 220엔을 수수료로 지불해야 한다. 만약 잔액이 0엔이라면 수수료를 내지 않고 보증금인 500엔을 고스란히 돌려받을 수 있으니 잘 계산해서 잔액이 최대한 적게 남기도록 하자!

승차권

JR의 기본요금은 140엔이며 메트로는 170엔, 도에이는 180엔으로 운영하는 회사에 따라 차이가 있으니 이용 시 사전 확인이 필요하다. 구입은 개찰구 옆에 위치한 자동발매기에서 하면 되는데 목적지까지의 요금을 위에 있는 노선도에서 미리 확인하고 금액에 맞춰 티켓을 구매해야 한다. 만약 금액을 잘못 선택하고 열차에 탑승하였다면 개찰구를 통과하기 전에 노란색 정산기(のりこし清算)에서 부족한 금액을 추가로 지불하고 정산 티켓을 발권받아 그 티켓으로 개찰구를 빠져나오면 된다.

버스

여행자에게 있어서 버스는 전철과 메트로의 보조 교통수단에 가깝다. 전철과 지하철이 도쿄의 구석구석을 거미줄처럼 연결하고 있지만, 그에 비해 버스는 노선이 한정적이고 일본어를 모르는 외국인이 이용하기엔 쉽지 않다. 도쿄 시내를 달리는 버스는 탑승 거리와 상관없이 220엔 균일요금이 적용된다. 반면 도쿄 외곽이나 시외를 연결하는 버스는 거리에 따라 요금이 할증된다. 시내버스는 앞문으로 승차하면서 요금을 지불하고 내릴 때는 뒷문으로 이용하면 된다. 스이카로 요금을 지불할 경우엔 한국과 마찬가지로 타고 내릴 때 카드를 찍어야 한다.

> **TIP**
> 스이카와 비슷한 기능을 하는 파스모(Pasmo)라는 교통카드도 있다. 예전에는 이용 범위가 나뉘었으나 최근에는 거의 동일한 범위에서 사용이 가능하므로 구매 시 스이카 대신 파스모를 판매하고 있는 역이라면 걱정하지 않고 파스모를 구입해도 된다.

• 기초 일본어 •

여행 전에 간단한 일본어를 알아보자. 몇 가지 일본어만으로는 자연스러운 의사소통이야 당연히 불가능하겠지만 식당, 상점 등에서 기본적인 인사를 건네는 것만으로도 여행이 한층 더 즐거워질 것이다.

인사

おはようございます
오하요고자이마스
아침 인사

本当にありがとうございます
혼또니 아리가또고자이마스
정말 감사합니다

こんにちは 콘니치와
점심 인사

すみません 스미마셍
죄송합니다, 실례합니다

こんばんは 콤방와
저녁 인사

さようなら 사요나라
안녕히 계세요

お願いします 오네가이시마스
부탁드립니다

はい 하이
예

いいえ 이이에
아니오

ありがとうございます
아리가또고자이마스
감사합니다

それでは、また 소레데와 마따
그럼, 또 봐요

화장실

トイレ 토이레
お手洗い 오테아라이
화장실

トイレはどこですか
토이레와 도코데스까
화장실이 어디 있나요?

トイレを借りてもいいですか
토이레오 카리떼모 이이데스까
화장실 좀 써도 괜찮나요?

일본은 대부분의 편의점에 화장실이 있다. 점원에게 위의 표현을 물어보면 화장실을 안내해 줄 것이다.

식사

いただきます 이타다키마스
잘 먹겠습니다

乾杯 칸빠이 건배

韓国語のメニューありますか
캉코쿠고노 메뉴 아리마스까
한국어 메뉴판 있나요?

ごちそうさまです
고치소사마데스
잘 먹었습니다

お勘定お願いします
오칸죠 오네가이시마스
계산 부탁드려요

美味しい 오이시이
맛있어

상점

福袋 후쿠부쿠로
럭키 박스
(보통 연초에 상점에서 판매)

期間限定 키캉겐테
기간 한정

セール 세에루
세일

税抜き 제에누키
세금 불포함

税込み 제에코미
세금 포함

축하

おめでとうございます
오메데또고자이마스
축하합니다

良いお年を 요이 오토시오
새해 복 많이 받으세요(12월 31일 이전)

明けましておめでとうございます
아케마시떼 오메데또고자이마스
새해 복 많이 받으세요(1월 1일 이후)

유용한 표현

いくらですか 이쿠라데스까
얼마인가요?

レシートください
레시토 쿠다사이
영수증 주세요

これください 코레 쿠다사이
이거 주세요

도쿄의 과거와
현재를 만나다

오랜 세월 도쿄를 지켜온 명소부터
최근 일본에서 가장 핫한 스폿까지

10:00

일본에서
제일 맛있는
바게트 맛보기

깔끔하게 정돈된
마루노우치의 보도를 따라
줄 서 있는 야외 테이블에서
멋스러운 아침 식사를 즐기자.

비론 VIRON

📍 JR 도쿄역 마루노우치 남쪽 출구에서 도보 1분
🍴 東京都千代田区丸の内 2-7-3 東京ヒル TOKIA 1F
🕐 10:00~21:00 / 휴무 부정기적
📞 +813-5220-7288
🏠 www.marunouchi.com/shop/detail/3018

도쿄역 마루노우치 남쪽 출구로 나와 KITTE를 끼고 돌면 바람에 나부끼는 차양 아래로 나란히 뻗어 있는 테이블이 시선을 사로잡는다. 카페 비론은 일본에서 유일하게 프랑스 비론 사의 유기농 밀가루 레트로도르를 사용하는 빵집. 이곳의 빵은 프랑스 바게트 대회 우승자 대부분이 사용했다고 하는 레트로도르를 사용하는데, 이 밀가루는 과거의 밀가루 제조 방식을 고수하여 만들어내는 최고의 걸작이다.

① 케이크와 바게트로 만든 샌드위치도 인기.

② 다양한 종류의 빵들이 고소한 향을 풍기며 진열장을 가득 채우고 있다. 바게트는 바삭한 상태로 판매하기 위해 50분에 한 번씩 구워낸다.

③ 빵 진열장 옆으로 바로 특제 잼과 쿠키 등이 놓여있다.

④ 겉은 바삭하고 속은 촉촉한 바게트에 튜너, 양파, 양상추 등의 신선한 재료를 듬뿍 담아 만든 통 크뤼디테 (トン・クリュディテ, 713엔)는 아침식사로 제격.

TIP

빵만 사고 나올 생각이라면 들어가서 바로 주문하면 되지만 테이블에 앉아서 식사를 하고 싶다면 가게 안에 들어가 점원에게 안내를 받아야 한다. 가게 안에 대기 줄이 있을 경우 제일 뒤로 가서 자신의 차례를 기다린다. 특히 가게 밖에 위치한 테라스 석은 자리가 비어있더라도 일단 안에 들어가 안내를 받아야 하니 주의할 것.

녹음이 짙은
왕궁 앞
정원 산책

해자에 둘러싸인 장대한 녹지대를
산책하며 도심 속 옛 일본의
정취를 느껴보자.

고쿄가이엔 皇居外苑

고쿄(皇居)의 밖에 위치한 정원이라는 뜻의 고쿄
가이엔은 사전 예약을 해야만 방문이 가능한 고
쿄와 달리 24시간 개방되어 있어 일본의 왕실을
간단하게 경험해볼 수 있는 곳이다. 일본의 중요
문화재로 지정된 니주바시(二重橋)와 사쿠라다몬
(桜田門)을 먼저 보고 일왕에 대한 충성심을 상징
으로 유명한 쿠스노키 마사시게의 동상을 둘러보
자. 도쿄 한가운데 있다고는 믿어지지 않는 광대
한 규모를 자랑하지만, 주요 볼거리만 본다면 1시
간이면 충분하다.

🧍 JR 도쿄역 마루노우치 남쪽 출구에서 도보 7분
🏢 東京都千代田区皇居外苑 1-1
🕐 24시간
📞 +813-3213-0095
🌐 www.env.go.jp/garden/kokyogaien

고쿄가이엔 내 잔디에는 돗자리를 깔고 책을 읽거나 낮잠을 즐기는 시민들이 종종 보인다. 같은 잔디여도 진입이 허용된 곳과 허용되지 않는 곳이 있으니 안내 표지판을 잘 보고 들어갈 것.

바깥쪽에 위치한 고라이몬(高麗門)과 안쪽에 있는 와타리야구라몬(渡櫓門)을 일컬어 사쿠라다몬이라고 한다. 1636년에 만들어진 것으로 얼마 남지 않은 에도 성의 흔적 중 하나이다. 우리에게는 1932년 1월 8일 이봉창 의사가 히로히토 일왕에게 수류탄을 던진 곳으로 유명하다.

매주 일요일이면 차량을 통제하고 자전거를 탈 수 있도록 팰리스 사이클링(パレスサイクリング) 코스를 오픈한다. 10:00부터 15:00 사이에 니주바시마에역 2번 출구로 나가면 무료로 자전거를 빌릴 수 있다. 비 오는 날과 특별 행사가 있는 경우에는 운영하지 않는다.

쿠스노키 마사시게 상. 쿠스노키 마사시게는 고다이고 일왕이 무신 정권이었던 가마쿠라 막부를 멸망시키는 데 큰 공을 세웠던 인물로 일본 내에서는 일왕에 대한 충성심을 상징하는 존재로 추앙받고 있다.

정면에 보이는 세이몬이시바시(正門石橋)와 안쪽에 있는 세이몬
테츠바시(正門鉄橋)를 통틀어 니주바시라고 한다. 니주바시 너머
로 보이는 건물은 후시미야구라(伏見櫓)로 고쿄에서 가장 아름다
운 망루로 손꼽힌다.

1st 東京駅一番街

도쿄에서 가장 활기찬
**지하 상점가
탐험**

인파에 몸을 맡겨 한 바퀴 돌아보는
것만으로 큰 즐거움을 느낄 수 있는
지하 상점가를 둘러보자.

❶

도쿄역일번가 東京駅一番街

도쿄 내 최대의 인구동원 수를 자랑하는 도쿄역에 위치한 종합
상업시설. 야에스 지하 중앙 출구와 직결되어 있다. 지하 1층부
터 지상 2층에 걸쳐 맛집, 특산품 상점, 캐릭터 숍 등이 포진해
있어 다양한 즐거움을 만날 수 있다.

📍 JR 도쿄역 야에스 지하 중앙 출구에서 바로
❌ 東京都千代田区丸の内1·9·1
🕐 10:00~20:00
☎ +813-3210-0077
🔗 www.tokyoeki-1bangai.co.jp

❷

① 도쿄역에서 하차하여 야에스 중앙 출구
(八重洲中央口) 방향으로 이동하다 보면
야에스 지하 중앙 출구로 내려가는 계단이
나온다. 이 계단을 내려가면 바로 도쿄역
일번가가 나온다.

② 지하 1층 중앙에 있는 도쿄 과자랜드(東
京おかしランド)에 있는 Calbee+에서는
즉석에서 튀겨주는 감자 스틱 '포테리코'와
감자 칩을 맛볼 수 있다.

③ 지하 1층에 위치한 도쿄 라멘스트리트(東京ラーメンストリート)에서 라멘을 먹기 위해 줄 서 있는 사람들.

④ 지상 2층의 도쿄 고치소플라자(東京ごちそうプラザ)에서는 선별된 맛집을 한곳에서 만나볼 수 있다.

⑤ 과자랜드와 함께 있는 도쿄 미야게센터(東京みやげセンター)에서는 닌교야키(人形焼)부터 츠키시마의 몬자야키 세트까지 400여 종의 도쿄 관련 상품을 판매하고 있다.

⑥ 1층에 있는 도쿄 미타스(TOKYO ME+)에 있는 하나노바바로아(花のババロア), 식용 꽃을 이용하여 만든 바바루아를 판매한다.

⑦ 과자랜드 옆으로 뻗어있는 도쿄 캐릭터스트리트(東京キャラクターストリート)에 위치한 리락쿠마 스토어. 전국에 13곳밖에 없는 리락쿠마 전문점 중 한 곳이다.

옛 모습을 되찾은 도쿄역과 만나다

1914년 12월 20일에 운행을 시작한 도쿄역은 고교와 인접해 있어 도쿄를 대표하는 곳이라는 의미로 '도쿄'라는 역 이름이 붙게 되었다. 실제 위치해 있는 행정 구역은 도쿄도 치요다구 마루노우치.

제2차 세계대전 당시 미군의 공격에 의해 대부분이 손실되었으나 패전 이후에 복구공사를 통해 1947년에는 운행을 재개하게 되었다. 이때 완성된 외관은 2007년까지 유지가 되었는데 도쿄역의 옛 모습을 찾자는 취지로 2007년부터 2012년까지 5년에 걸친 복구공사를 거쳐 과거의 모습을 되찾게 되었다.

노선은 운행 개시 당시부터 꾸준히 늘어나서 현재는 10여 개의 JR 노선과 신칸센, 소부선, 케이요선이 정차하는 일본에서 가장 플랫폼이 많은 역이 되었다.

도쿄역 전체를 보고 싶다면 KITTE를 찾자!

일본어로 우표라는 의미를 지닌 KITTE(킷테)는 일본
우편 빌딩(JP Tower)에 위치한 종합 쇼핑몰이다. 도
쿄역에서 나오면 맞은편 빌딩 아래에 위치한 6층
높이의 건물이 보이는데 그곳이 바로 KITTE이다.
MUJI, 오니츠카 타이거, G-Shock 등 인기 상점들
이 입점해 있어 쇼핑의 명소로 사랑받고 있다. 또
한, 인기에 한몫하고 있는 6층의 옥상 정원에서는
도쿄역의 전체 모습을 한눈에 조망할 수 있다.

JR 도쿄역 마루노우치 남쪽 출구에서 도보 1분
東京都千代田区丸の内2-7-2
스폿에 따라 다르니 홈페이지 참조
+813-3216-2811
jptower-kitte.jp

100년 전통의
소바 먹기

시골 할머니 댁에 온 듯
따뜻한 느낌이 드는 소바집에서
점심을 먹자.

나미키야부소바 並木藪蕎麦

- 📍 도에이 아사쿠사센 아사쿠사역 A4 출구에서 도보 5분
- ✂ 東京都台東区雷門2-11-9
- 🕐 11:00~19:30 / 휴무 목요일
- ☎ +813-3841-1340

아사쿠사의 상징인 센소지의 카미나리몬 앞으로 난 도로를 따라 조금만 내려가면 오른쪽으로 현대식 건물들 사이에 정갈하게 서 있는 일본식 건물이 한 채 보인다. 야부(藪)라고 적힌 간판 아래에 있는 미닫이문을 열면 나이가 지긋하신 할머니가 친절하게 맞이한다. 소바는 가장 기본인 자루소바부터 덴푸라를 곁들여 함께 먹는 덴푸라소바까지 천차만별. 달짝지근하게 간이 밴 소바는 입안에 착 감기는 감칠맛이 일품이다. 외국인 손님이 많다 보니 메뉴에 영어가 병기되어 있어 일본어를 못하더라도 주문에 큰 어려움이 없다. 계산 시에는 점원을 불러 앉았던 자리에서 계산한다.

① 하얀색의 깔끔한 외관으로 최근 리뉴얼했다. 내부는 옛 모습 그대로 보존하고 있다.

② 온소바 위에 스크램블 한 달걀을 얹은 타마고토지소바(玉子とじそば, 950엔). 따뜻한 육수와 함께 부드럽게 넘어가는 면발과 달걀이 조화롭다. 함께 나온 파와 와사비는 취향에 따라 넣어 먹는다.

③ 좌석은 좌식과 테이블이 있다. 좌석이 많지 않아 대기 줄이 긴 편이지만 메인 요리가 소바이다보니 회전률은 좋다.

TIP 메뉴에 따라서는 작은 잔에 육수를 따로 내주는 경우가 있는데 소바를 다 먹은 뒤 이 육수에 남은 소바 츠유를 적당히 넣어 마신다. 그냥 먹으면 밍밍하니 꼭 섞어서 마실 것!

도쿄에서 가장 큰
사찰 견학하기

도쿄 사람들에게 오랜 세월 의지의
대상으로 사랑받아온 사찰을 찾아가
그들과 함께 경내를 걷고 참배해보자.

센소지 浅草寺

628년 스미다가와에서 어부 형제가 그물에 걸린 관음상을 모시기
위해 사당을 지었고 이후 승려 쇼카이(勝海)가 645년에 절을 세운
것이 지금의 센소지가 되었다고 전해진다.

거대한 붉은 색 제등이 인상적인 카미나리몬(雷門)을 지나 활기가
넘치는 아기자기한 상점가 나카미세도리를 지나면 센소지의 정문
에 해당하는 호조몬(宝蔵門)이 나온다. 호조문 너머로는 양옆으로
운세를 볼 수 있는 오미쿠지(おみくじ)를 뽑는 곳과 부적 용도로
들고 다닐 수 있는 오마모리(お守り)를 파는 건물이 있다. 센소지
의 본당인 혼도(本堂) 앞 오르기 전부터 테미즈야(手水舎)에서
깨끗하게 손을 씻는 사람들과 대형 향로 앞에서 연기를 쐬는 사람
들로 북적인다. 혼도도 차례를 지켜 소원을 빌려는 사람들로 항상
꽉 차 있지만 웅성거림 없이 모두 경건한 마음으로 자신의 순서를
기다리고 있다. 손자의 손을 잡고 찾은 할아버지, 아직은 빳빳한
양복을 입고 쭈뼛쭈뼛 서 있는 청년까지. 센소지는 도쿄 사람들의
정신적 지주로서 오랜 세월 도쿄를 지켜왔다.

다이코로(大香炉). 아픈 곳에 연기를 쐬면
좋아진다는 믿음이 있어 항상 사람들로
북적인다.

📍 지하철 아사쿠사역에서 도보 5분
✂ 東京都台東区浅草2-3-1
🕐 06:00~17:00(10~3月 06:30~)
📞 +813-3842-0181
🏠 www.senso-ji.jp

① 오미쿠지를 뽑았는데 흉
(凶)이 나왔을 경우에만 이곳
에 묶는다.

② 혼도에 오르면 센소지의
본존인 관음상이 있는데 그
앞으로 동전을 넣는 함이 있
다. 그곳에 동전을 넣은 후 손
을 맞대고 이름과 주소, 소원
을 마음속으로 고한다.

TIP

테미즈야에서는 먼저 히샤쿠(柄杓,
작은 바가지)에 물을 떠서 왼손, 오른
손 순서로 닦은 뒤 왼손에 물을 조금
담아 입안에 머금고 헹군다. 마지막
으로 히샤쿠를 세우듯 들어 남은 물
을 이용해 손잡이 부분을 깨끗이 한
다. 한 번 담은 물로 이 모든 단계를
진행해야 하니 주의한다.

활기가 넘치는 간판 거리, 나카미세도리

카미나리몬에서 호조몬까지 곧게 뻗어 있는 260m 길이의 산도(参道)를 따라 늘어서 있는 나카미세도리는 도쿄 최고의 전통 상점가로 에도시대부터 서민들의 꾸준한 사랑을 받아왔다. 일본 색이 짙은 전통 기념품과 토산품을 비롯해 연극이나 무용에 쓰이는 소품과 의상 등 특이하고 재미있는 물건이 많아 구경하는 재미가 쏠쏠하다. 맛좋은 간식거리도 많아서 군것질을 즐기기에 좋다.

코이케상점 小池商店

나카미세도리로 들어가 조금만 걷다보면 왼쪽에 야무진 표정의 귀여운 개구리가 손님들을 반기는 코이케상점이 나온다. 내부에는 일본식 문양을 사용한 면소재의 손수건부터 부드러운 핸드타올까지 다양한 제품을 판매하고 있다.

🕐 10:00～18:00
📞 +813-3844-9497
🏠 www.asakusa-koike.com

키비당고 아즈마 きびだんご あづま

키비당고를 전문적으로 파는 가게. 인절미와 비슷한 느낌의 키비당고는 다섯 꼬치에 330엔. 함께 판매하는 말차(110엔)도 꿀맛이니 꼭 함께 맛보자. 쫀득한 키비당고와 함께 마시는 시원한 말차는 더할 나위 없이 훌륭하다. 구매한 키비당고와 말차는 가게 옆과 뒤에 설치된 간이 테이블에서 먹어야 한다. 항상 붐비는 나카미세도리에서 콩가루가 풀풀 날리는 키비당고를 걸어 다니며 먹는 것은 자칫 잘못하면 주변 사람들에게 피해를 줄 수 있으니 자제하자!

🕘 09:00~19:00
📞 +813-3843-0190

귀여운 무민과 함께
동화 속에서
쉬어가기

동화책에서만 보던 귀여운 캐릭터들
과 함께 티타임을 가져보자.

무민하우스 카페 소라마치점 ムーミンハウスカフェ ソラマチ店

도쿄 스카이트리역 개찰구를 나오면 같은 건물에 위치한 무민 카페가 보인다. 카페 입구에
는 구매 욕구를 자극하는 귀여운 무민 관련 잡화와 주방용품, 과자 등이 진열되어 있다.
안내받은 자리에 앉아 주문하면 점원이 무민에 나오는 캐릭터의 대형 인형을 빈자리에 앉
혀준다. 귀여운 캐릭터 인형과 함께 티타임을 보내고 있으면 계속해서 점원이 다른 캐릭터
로 바꿔주므로 다양한 캐릭터와 만날 수 있다. 무민을 잘 모르는 사람도 방문하면 무민을
좋아하게 될 것이다.

🚇 도부 스카이트리 라인 도쿄 스카이트리역과 직결
🏢 東京都墨田区 押上1-1-2 東京スカイツリータウン・ソラマチ1F
🕐 08:00~22:30 / 휴무 부정기적
📞 +813-5610-3063
🌐 www.benelic.com/moomin_cafe/skytree_town

무민 카페에서 만날 수 있는 대형 인형

TIP 인기가 많아서 항상 대기가 있다. 평일에는 앉아서 차
례를 기다려야 하지만 주말과 공휴일에는 전화번호를
적어 두면 자신의 차례가 되기 전에 전화로 알려준다.
해외 번호일 경우에도 전화해주니 대기 번호를 받고
스카이트리 안을 둘러보는 것도 좋다.

① 달콤한 커스터드 푸딩과 초코
마들렌을 맛볼 수 있는 스베니
아 플레이트. 마들렌은 원하는
캐릭터 모양을 고를 수 있으며
푸딩이 담겨있는 컵 또한 원하
는 것을 고르면 집으로 가지고
갈 수 있도록 포장해준다.

② 코코아 주문 시 원하는 캐릭
터를 고르면 거품 위에 그려준다.

별처럼 아름다운
도쿄 야경 관람

세계에서 가장 높은
자립식 전파탑에 올라
도쿄 시내부터 후지 산까지
관동 지방의 야경을 감상하자.

당일권 티켓 판매 카운터. 인터넷에서 예약한 경우
에는 카운터 옆에 위치한 Web 티켓 교환 기계에
서 예약번호를 입력하고 발권한다.

🏠 도부 스카이트리 라인 도쿄 스카이트리역 정면출구에서 바로
🚇 東京都墨田区押上1-1-2
🕐 08:00~22:00
📞 +813-5302-3480
🌐 www.tokyo-skytree.jp

도쿄 스카이트리 東京スカイツリー

2012년 5월에 완공한 세계 제일 높이(634m)의 자
립식 전파탑. 완공 후 도쿄타워의 인기를 뛰어넘
는 일본 최고의 전망 스폿이 되었다. 전망대는
350m, 450m 두 곳이 있는데 450m는 기본 입장
료(2060엔) 외에 별로도 1030엔을 내고 입장권을
사야 한다.

전망대에서는 도쿄 시내 외에도 치바 현에 위치한
도쿄 디즈니랜드와 시즈오카 현에 있는 후지 산까
지 방대한 범위의 파노라마 뷰를 즐길 수 있다.

전망 외에 외부에서 바라본 도쿄 스카이트리도 매
력적이다. 기본적으로는 파란색과 보라색을 격일
로 밝히는데 계절과 해당 기간에 시행되고 있는
이벤트에 따라 콘셉트를 바꿔 더욱 화려하게 빛나
기도 한다.

도쿄 스카이트리로 올라가는 엘리베이터. 50초 만에 350m 전망대에 도달한다.

도쿄 스카이트리는 안전상의 이유로 시간대별로 입장 가능한 인원이 정해져 있다. 일본이 공휴일인 경우 많은 사람이 몰릴 수 있으니 미리 확인하고 예약하는 것도 방법. 예약은 공식 홈페이지에서 할 수 있으며 예약할 경우 2570엔으로 약 500엔가량의 수수료를 지불해야 한다. 만일 예약을 하고 가지 않았는데 입장이 마감되었다면 외국인 전용 Fast Skytree Ticket 카운터로 가보자. 2820엔이라는 금액이 부담스럽긴 하지만 스카이트리에 꼭 올라보고 싶다면 최후의 수단으로 고려해 보는 건 어떨까?

도쿄가 꿈꾸는 미래의 커뮤니티를 보다

도쿄 스카이트리타운(東京スカイツリータウン)은 도쿄 스카이트리를 중심으로 하는 쇼핑센터 소라마치와 오피스빌딩인 이스트타운, 스미다 수족관, 플라네타륨 덴쿠 등으로 구성된 거대 상업&관광 시설이다. 일본은 예로부터 성 주변으로 시타마치(下町)라고 불리는 시가지가 생기고 번영하며, 그 안에서 사람들 간의 커뮤니티가 탄생했다. 도쿄 스카이트리타운은 이러한 시타마치의 정서를 소중히 생각하고 콘셉트로 잡았다. 도쿄의 동쪽에 높이 솟은 스카이트리에 올라 옹기종기 모여 있는 다양한 시설들을 보고 있으면 도쿄 스카이트리타운이 추구하는 상냥한 미래의 커뮤니티를 느낄 수 있을 것이다.

www.tokyo-skytreetown.jp

TIP 무료 승하차! 판다 버스를 타자

센소지에서 도쿄 스카이트리타운으로 가는 방법은 다양하지만, 시간만 맞는다면 판다 버스를 이용해보자. 센소지의 입구에 해당하는 카미나리몬 앞에 판다 버스 승차장이 있다. 이곳에서 버스를 타면 10분이 채 걸리지 않아 도쿄 스카이트리타운에 도착할 수 있다. 운행 정보는 홈페이지를 참조할 것. 왼쪽 메뉴의 시각 안내(時刻案内)를 클릭하면 시각표가 나오는데, 3번이 카미나리몬, 5번이 도쿄 스카이트리역 앞(とうきょうスカイツリー駅前)이다. 두 스폿 외에도 다양한 곳으로도 운행 중이다.

www.pandabus.net

도쿄 스카이트리타운 추천 스폿

01
도쿄 소라마치 東京ソラマチ

패션, 관광, 카페&레스토랑 등 300점포 이상의 상
점이 입점해있는 대형 쇼핑몰이다. 1층부터 10층까
지는 다양한 상점과 엔터테인먼트 시설이 있으며
30·31층의 다이닝
플로어에서는 통유
리로 된 창문 너머로
스카이트리를 보며
식사를 즐길 수 있다.

02
스미다 수족관 すみだ水族館

도쿄제도의 바다를 테마로 세계자연유산
오가사와라의 바다를 재현한 대 수족관.
펭귄, 물개를 가까이서 볼 수 있는 초대형
개방 풀장이 있으며
360도로 볼 수 있
는 아름다운 산호
초 군단 또한 만나
볼 수 있다.

03
플라네타륨 덴쿠 プラネタリウム天空

입체감 가득한 밤하늘을 볼 수 있다. 이케부
쿠로 선샤인시티의 만텐(満天)과 형제인 플
라네타륨 상영관으로 일상과는 다른 환상적
인 밤하늘의 감동을 느낄 수 있다.

추천!
도쿄 이자카야 체인점

일본식 주점인 이자카야는 다양한 체인점이 있어 어디서 저녁을 먹을지 고민될 때 한 군데 괜찮은 곳을 알아두면 부담 없이 즐길 수 있어 좋다. 나만의 베스트 이자카야를 찾아보자!

우오킹  魚金

최근 큰 인기를 끌고 있는 해산물 전문 이자카야. 저렴한 가격에 양까지 푸짐한 회 6종 모둠 스페셜 '오사시미 록텐모리 스페샤루(お刺身六点盛スペシャル)'가 가장 인기이다. 이 외에도 합리적인 가격에 맛까지 좋은 해산물 메뉴가 많으니 부담 없이 일본의 해산물을 맛보고 싶다면 우오킹을 찾아가자!

🏠 www.uokingroup.jp

기본으로 나오는 오토시(お通し). 지점에 따라 조금씩 다르다. 비용은 1인당 350엔.

오사시미 록텐모리 스페샤루(1,980엔). 메인 생선은 계절에 따라 달라진다. 보통 두 가지의 선택지를 주고 한 가지를 선택하게 된다. 사진의 생선은 전갱이.

토리키조쿠 鳥貴族

모든 음식과 음료를 한 개당 280엔에 맛볼 수 있는 이자카야. 야키토리는 메뉴당 두 꼬치가 한 세트로 나오는데 280엔이라는 가격이 조금 비싸게 느껴질 수도 있다. 하지만 사워를 포함해 생맥주 등 모든 주류도 한 잔에 280엔으로 저렴해 술을 좋아하는 사람에게는 딱 좋은 가게이다.

🔖 www.torikizoku.co.jp

강력 추천하는 유자와 꿀이 들어간 유즈미츠사와(ゆずみつサワー).

이소마루스이산 磯丸水産

직접 신선한 해산물을 구워 먹는 이자카야. 이자카야로서는 흔치 않게 24시간 영업을 하는 곳으로 늦은 밤 출출할 때 들르기 좋다. 구워 먹는 재료 외에 다양한 종류의 메뉴도 판매하고 있다.

🔖 www.isomaru.jp

기본적으로 제공되는 츠키다시(つきだし). 지점에 따라 조금씩 다르다. 사진의 츠키다시는 시부야점. 399엔으로 다른 이자카야에 비해 비싼 편일지도 모르지만 굉장히 맛이 좋다.

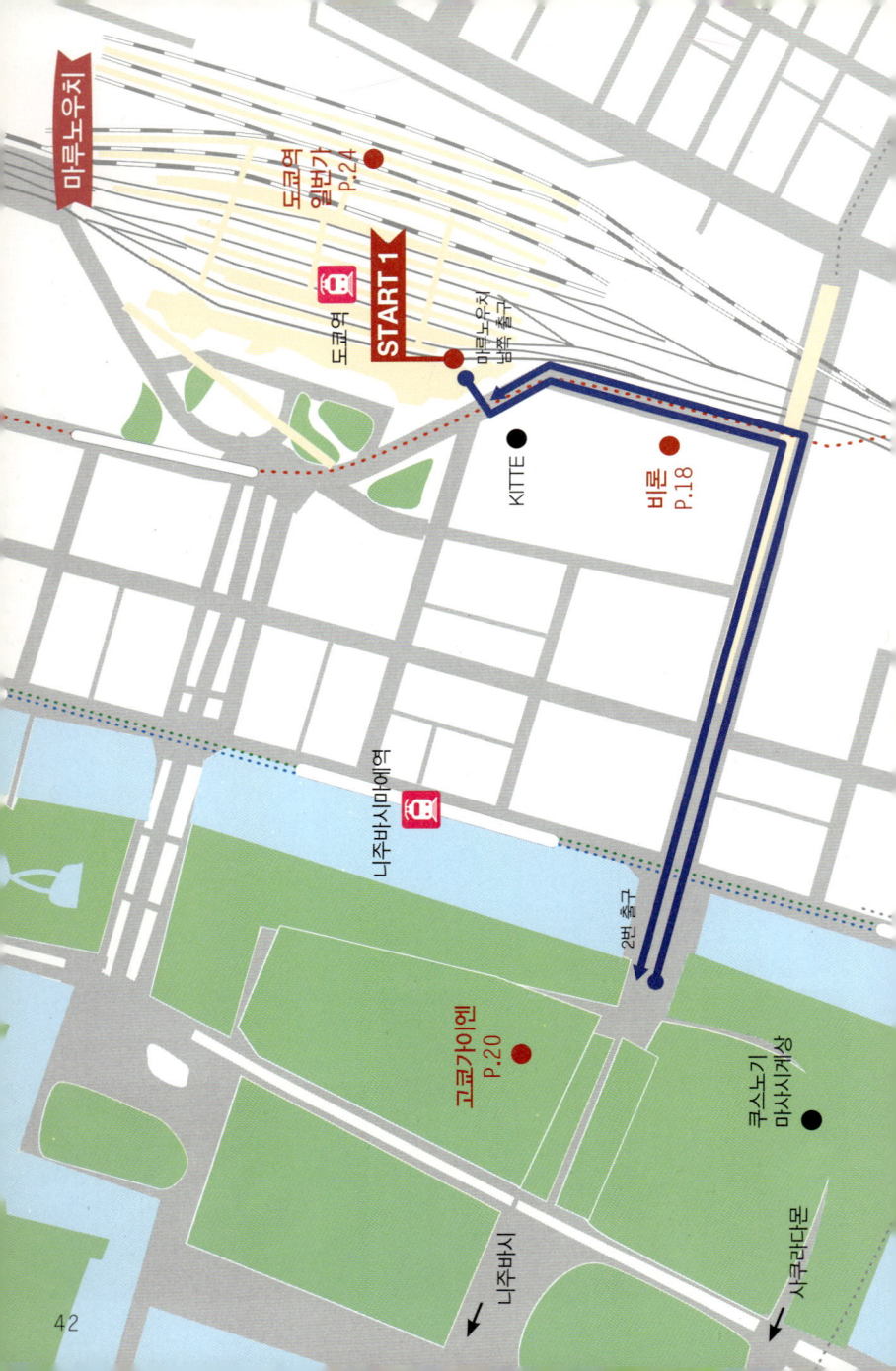

마루노우치

도쿄역 역번가 P.24

도쿄역

START 1

마루노우치 남쪽 출구

KITTE

비론 P.18

니주바시마에역

2번 출구

고쿄가이엔 P.20

큐스노기 마사시게상

니주바시

사쿠라다몬

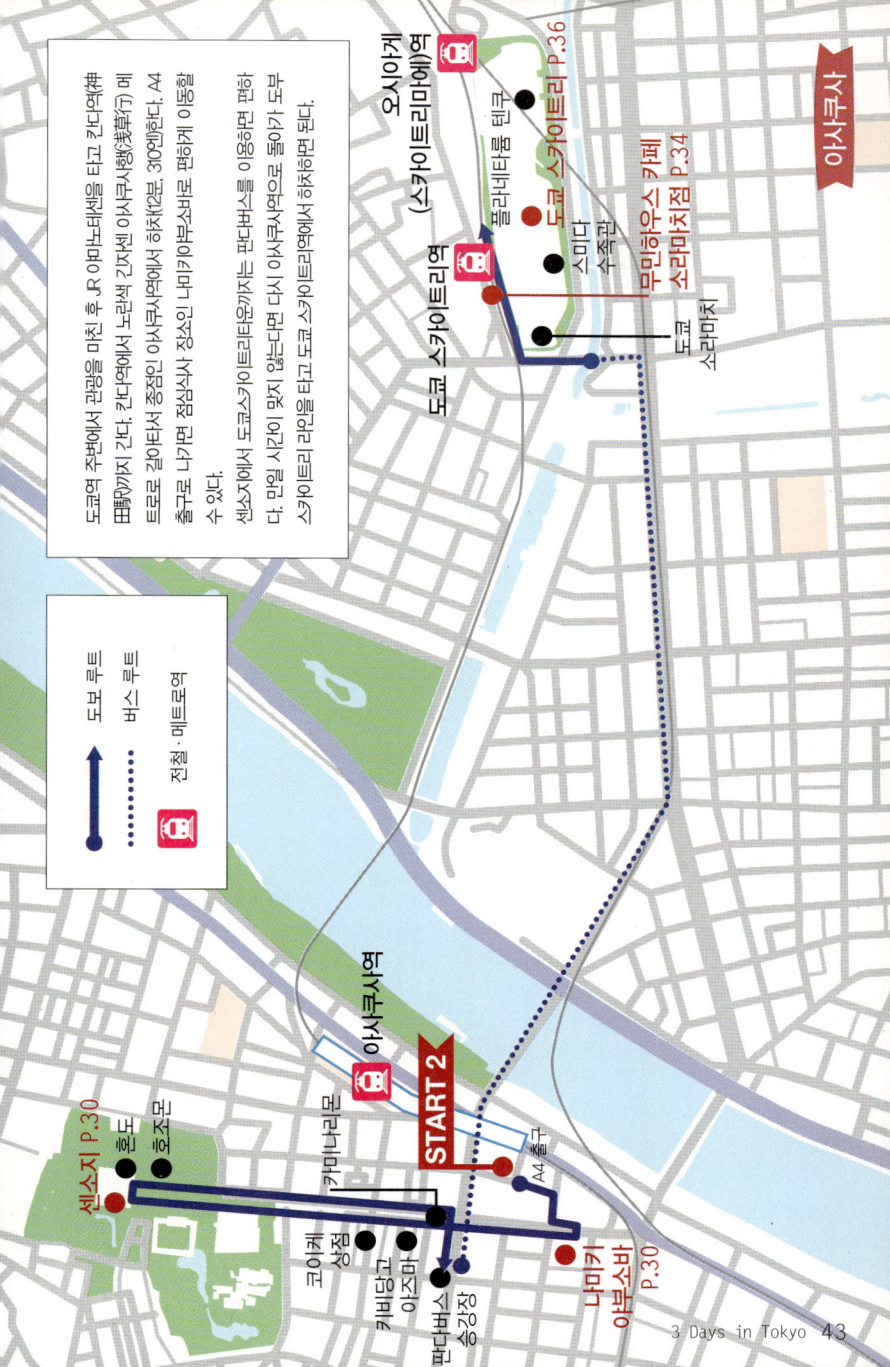

아사쿠사

도쿄 스카이트리 P.36

플래너티움 텐쿠

도쿄 스카이트리역
(스카이트리마에)역

오시아게

도쿄 스카이트리

스미다
수족관

무민하우스 카페
소라마치점 P.34

도쿄
소라마치

도쿄역 주변에서 관광을 마친 후 JR 야마노테센을 타고 긴다역까지 간다. 긴다역에서 노선버 긴자센 아사쿠사행(浅草行)을 매 트로로 갈아타서 종점인 아사쿠사역에서 하차(260엔)한다. A4 출구로 나가면 참사사 장소인 나미키아부소바로 편하게 이동할 수 있다.

센소지에서 도쿄스카이트리역까지도 판다버스를 이용하면 편하다. 만일 시간이 맞지 않는다면 다시 아사쿠사역으로 돌아가 도쿄 스카이트리 라인을 타고 도쿄 스카이트리역에서 하차하면 된다.

도보 루트
버스 루트
전철 · 메트로역

아사쿠사역

START 2

센소지 P.30
혼도
호조몬

카미나리몬

코우케
상점

카메다빙고
아즈마

판다버스
승강장

나미키
야부소바 P.30

A4출구

일본의 생활 예절

우리나라에서는 큰 의미 없는 행동이지만 타국에서는 실례가 되는 경우가 종종 있다. 서로 다른 문화 속에서 나고 자란 이상 완벽하게 상대방을 이해하기란 쉽지 않은 법. 비교적 가까운 외국에 속하는 일본 또한 자세히 들여다보면 다른 점이 매우 많다. 한국인이 일본인에게 의도치 않게 범하게 되는 실례되는 행동에는 어떤 것이 있을까? 일본인 친구나 거래처 사람을 만났을 때 배려하면 좋은 생활 속 예절에 대해 알아보자.

젓가락에서 젓가락으로 음식을 옮기면 안 된다.

친구와 함께 식사하고 있을 때 상대방이 고기 힘줄이 끊어지지 않아 애를 먹고 있으면 도와주고자 무심코 젓가락을 가져다 대는 사람이 많다. 보통은 도움을 받은 사람이 고마워하는 것으로 훈훈하게 마무리되지만 상대방이 일본인일 경우엔 이야기가 조금 달라진다. 흠칫 놀라거나 사람에 따라선 강한 거부 반응을 보일 것이다.

'사용하던 젓가락으로 집어서 불쾌했나? 왜 이렇게 예민하지.' 그들의 문화를 잘 모르면 상처받고 기분이 나쁠 수도 있는 상황. 사실 일본인의 이런 반응에는 이유가 있다.

일본은 예로부터 사람이 죽으면 대부분 화장을 해왔다. 사체를 화장하고 남은 뼈는 유골함으로 옮기는데, 이때 두 명이 함께 젓가락을 이용하여 옮기는 작업한다. 따라서 일본인들은 두 개의 젓가락을 이용하는 것은 장례 때만 하는 행동으로 인식하여 식사 도중에 음식에 함께 젓가락을 대는 것을 굉장히 불길한 행동으로 여긴다. 이 행동만큼은 아무리 한국에 오래 거주한 일본인도 자연스럽게 받아들이기 어려운 것 중 하나로 손꼽는다.

상대방의 잔이 비기 전에 술을 채워준다.

한국과 일본의 술자리 문화 중에 가장 다른 점을 하나만 고르자면 '술을 따르는 타이밍'을 들 수 있다. 한국은 기본적으로 잔이 비어있는 상태에서 술을 받는 것이 예의지만 일본은 잔이 마르지 않게 술을 채워주는 것이 예의이다. 상대방이 원샷을 했다면 바로 따라 주어야 하며 조금 남은 경우에는 보충해준다는 기분으로 채워 주어야 한다. 잔에 술이 조금 남아있는데 일본인이 술을 따라주고자 한다면 무리해서 잔을 비운 후 다시 받지 않아도 된다.

예외적으로 맥주는 맛있게 마시기 위해 잔을 완전히 비운 후 새로 따르기도 한다.

가정집을 방문했을 땐 안내해준 자리에서 이동하지 않는다.

한국에서도 공통되는 내용일지도 모르지만 일본에서는 조금 더 엄격한 느낌이다. 아무리 친한 사이, 더 나아가서는 가족일지언정 독립한 개인의 집에 방문하여 안내해준 곳 외에 함부로 이동하는 것은 굉장히 실례가 되는 일로 생각한다. 보통 한국에서는 친구 집에서 화장실을 가고 싶을 때 '화장실이 어디야?'라고 물어보지만 일본에서는 '화장실 좀 빌려도 될까?'라는 표현을 하는 것만 보아도 그 차이를 느낄 수 있다. 아주 가까운 사이에서도 이렇게 예의를 차리는 것을 보면 인정이 없다고 느낄지도 모르지만 나와 상대의 관계가 밀접하다 하더라도 상대방의 사생활을 존중해주고, 또 존중받고자 하는 문화가 생활 속에 묻어 나오는 것. 집주인이 먼저 '집을 안내해주겠다'고 나서지 않는 이상 구경을 하고 싶다고 말하거나 두리번두리번거리는 행동은 자제하도록 하자.

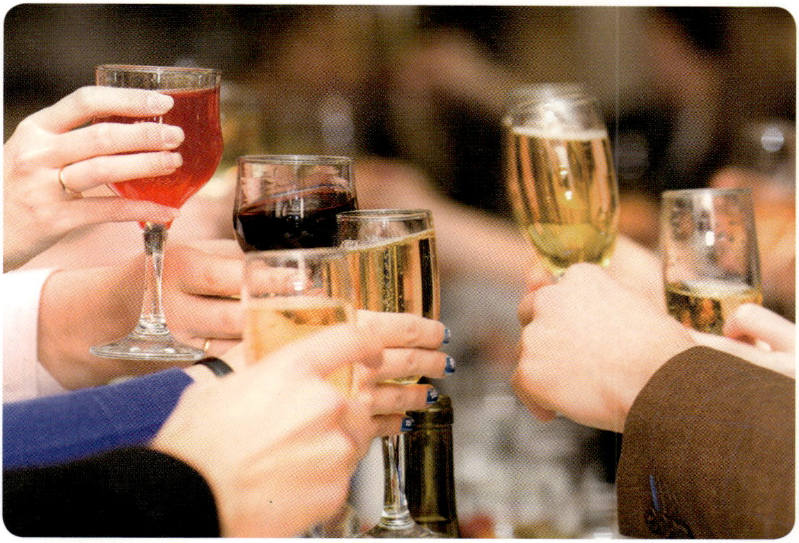

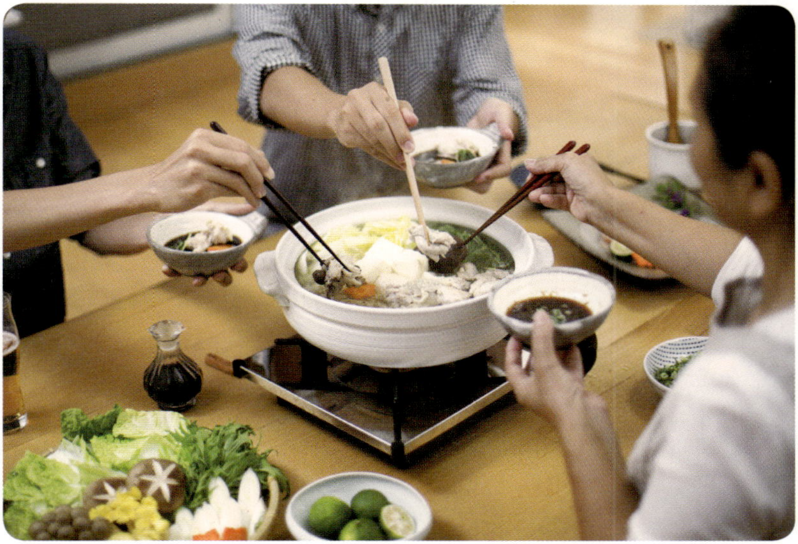

일본의 코다와리

일본에서 여행을 하다보면 코다와리(こだわり)라는 단어를 자주 접하게 된다. 코다와리한 음식, 코다와리한 기술 등. 일한사전에서 이 단어의 뜻을 찾아보면 '구애됨'이라고 기재되어 있기는 하지만 사실 이 단어 하나 만으로는 설명하기 힘든 개념이다.

일본인에게 있어서 코다와리란 자신이 옳다고 생각하는 신념이며 살아온 삶의 기반이고, 앞으로도 지켜나가야 할 소중한 것이다. 개개인의 코다와리는 모두 달라서 100명의 사람이 있으면 100개의 코다와리가 있다고 할 수 있다.

바삭바삭한 바게트를 제공하기 위해 50분에 한 번씩 바게트를 구워내는 제빵인, 카페라떼의 부드러운 맛을 위해 50년 넘게 거래해온 홋카이도 농장의 우유만을 사용하는 카페 사장 등 코다와리는 일본 곳곳에 존재한다. 물론 이러한 가게들뿐만 아니라 처음으로 취직을 했을 때부터 사용해온 만년필을 수선에 수선을 거쳐 계속해서 사용하는 회사원, 가족들의 식사에는 반드시 엄선된 유기농 재료들만을 사용하는 주부 등 일상생활 전반에서도 코다와리를 찾아볼 수 있다.

단편적으로 생각하면 코다와리는 합리적이지 못하고 불편한 것으로 여겨질 수도 있다. 하지만 이러한 코다와리가 있었기에 일본은 세계로부터 신뢰받는 제품을 만들어내고 일본만의 독특한 매력을 가진 문화를 지켜낼 수 있었다. 빠르게 변화하는 현대 사회에서 일본의 코다와리는 또 다른 개성으로 주목받고 있다.

일본의
독특한 매력에
풍덩 빠지다

일본 특유의 감성을 느낄 수 있는
산책 루트

← 風の散歩道 →
Kazenosanpomichi

바람이 안내해 주는
**길을 따라
산책하기**

미타카역에서 지브리 미술관까지
이어지는 산책로를 따라
느긋하게 걸어보자.

카제노산포미치 風の散歩道

미타카역에서 나와 타마가와 상수 쪽으로 가면 남동쪽의 지브리 미술관까지 약 1.1km 곧게 뻗어있는 카제노산포미치(바람산책길)가 나온다. 1.1km라는 거리가 부담스러워 버스를 타고 이동하는 사람들도 있는데 가능하다면 이 길을 꼭 걸어보길 바란다. 이름에 걸맞게 시원한 바람이 기분 좋게 코끝을 간질이고 산책길 중간중간 오른쪽으로 보이는 주택가 골목으로는 햇빛이 아름답게 부서진다. 때때로 토토로 이정표가 나와 지브리 미술관까지의 남은 거리를 알려줘 토토로를 벗 삼아 걸으면 생각보다 금세 도착하게 된다. 지브리 미술관으로 향하는 설레는 마음을 안고 걷다 보면 지금 걷고 있는 길이 마치 지브리 작품 속에 나오는 길 같다는 생각이 들 정도로 아름다운 산책길이다.

📍 JR 미타카역 남쪽 출구에서 도보 3분

카제노산포미치로 향하는 길목에 있는 미타카
관광안내소, 이곳에도 토토로가!

카제노산포미치에서 지브리까지의 거리는 총 1.1km이지만 사실 카제노산포미치의 거리는 800m이고 나머지 300m는 이노카시라온시코엔을 따라 걷게 된다.

토토로가 기다리는
도심 속
아지트 찾아가기

전 세계적으로 큰 사랑을 받고 있는
스튜디오 지브리의 작품 속으로
들어가 보자!

미타카노모리 지브리 미술관 三鷹の森ジブリ美術館

미타카의 조용한 주택가 옆으로 펼쳐지는 광대한 부지 한편에 서 있는 독특한 외관의 건물. 이곳이 바로 애니메이션의 거장 미야자키 하야오 감독이 직접 설계한 지브리 미술관으로, 스튜디오 지브리의 작품을 본 적이 있는 사람이라면 누구나 한번 쯤은 가보고 싶은 꿈의 미술관이다. 미술관 안은 실제 미야자키 하야오의 작업실을 모델로 꾸민 상설전시실 이 메인으로 건물 구조가 굉장히 특이하여 2층 건물이지만 3층 건물 같 다는 착각이 드는 개성 넘치는 공간이다. 전시실 외에 단편 애니메이션 상영 극장, 뮤지엄 숍 등이 있으며 옥상에는 〈천공의 성 라퓨타〉에 나왔 던 로봇 구조물이 있다. 미술관을 다 돌고 나면 출구 쪽에 위치한 카페 무기와라보시(麦わらぼうし)에서 잠시 쉬어가도 좋다.

JR 미타카역 남쪽 출구에서 도보 20분(미술관행 커뮤니티 버스도 있음)

東京都三鷹市下連雀1-1-83

10:00～18:00 / 휴무 화요일(유동적), 부정기 휴일

+81570-05-5777

www.ghibli-museum.jp

입구에 들어서면 거대한 토토로가 앉아있는 매표소가 보인다. 진짜 매표소는 조금 더 안 으로 들어간 곳에 있다!

지브리의 오리지널 단편 애니메이션을 상영하는 극장.

> **TIP**
> 지브리 미술관은 예약제로 운영하고 있으므로 방문하기로 마음먹었다면 한국 여행사를 통해 예약하거나 일본어가 가능한 사람이라면 지브리 미술관 홈페이지에서 링크된 예약 페이지를 통해 예약하도록 한다. 워낙 인기가 많아서 한 달 전에 봐도 매진인 경우가 많으니 여유를 두고 예매해둘 것!

12:00 🕐

> ## 빈티지한
> ## 토끼의 집으로
> # 점심 초대
> 이노카시라코엔이 내다보이는
> 창가에 앉아 느긋하게
> 점심식사를 즐기자.

카페 뒤 리에부르-우사기관 Café du lièvre うさぎ館

이노카시라코엔 내에 있는 넓은 잔디밭인 쿄기조(競技場)를 지나 아름
드리나무들 사이로 부서지는 햇살을 맞으며 걷다 보면 화이트톤의 빈티
지한 목조 건물이 보인다. 토끼의 집이라는 이름답게 가게의 안과 밖으
로 귀여운 토끼들이 가득하다. 메인 요리인 정통 프랑스 요리 갈레트는
쌉쌀하면서도 산미가 감도는 메밀 반죽이 매력적이다. 갈레트 외에 크레
이프도 맛있으니 식사를 하고 디저트를 먹을 여유가 있다면 꼭 먹어보
자. 가게의 한쪽에서 게랑드 소금과 우사기관 오리지널 굿즈도 판매하고
있다.

📍 이노카시라코엔 내
✈ 東京都武蔵野市御殿山1-19-43
🕐 11:00~20:00(土 · 일 08:30~) / 휴무 연말연시
📞 +81422-43-0015
🔗 lievre.me

갈레트와 같은 부르고뉴 지방 출신
인 게랑드 소금. 과거와 변함없이
전통적인 방법으로 소금을 만드는
것으로 유명하다.

왼쪽부터
고소한 맛이
일품인 옥수수 스프,
샐러드는 당근과 쿠스쿠스 둘 중 하나
를 선택할 수 있다. 갈레트는 새우와 가
리비에 카레 풍미를 더 한 에비토호타테
노크리무니(エビと帆立のクリーム煮)
갈레트, 음료는 커피, 홍차, 주스 중 하나를
선택할 수 있다.

Café du Lièvre

13:30

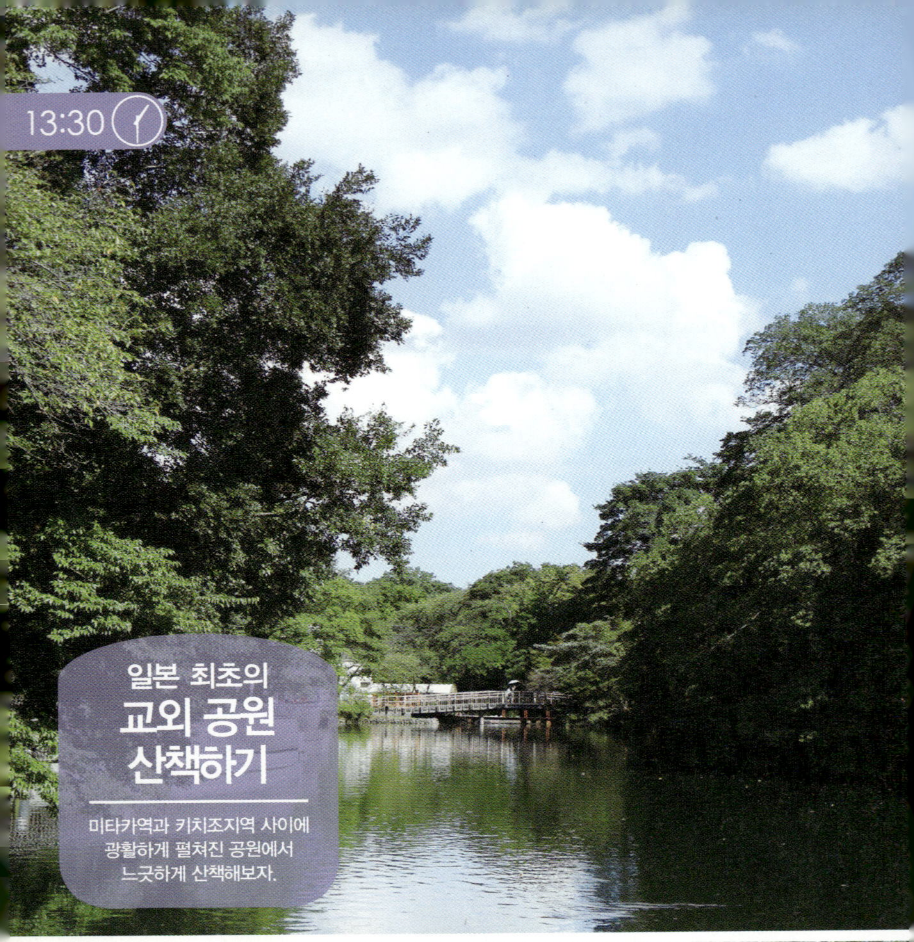

일본 최초의 교외 공원 산책하기

미타카역과 키치조지역 사이에 광활하게 펼쳐진 공원에서 느긋하게 산책해보자.

이노카시라 자연문화원. 동물원과 수생물원(水生物園)으로 나뉜다.

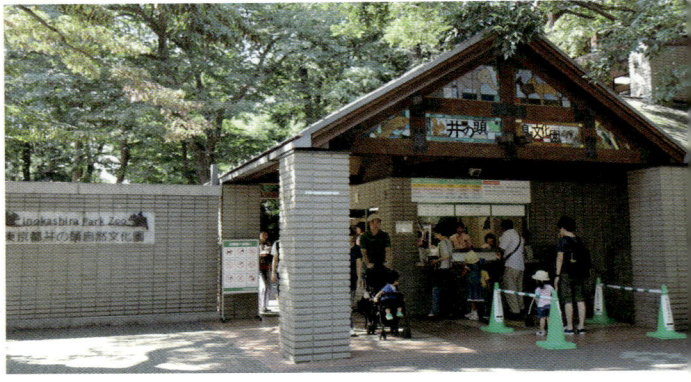

이노카시라온시코엔 井の頭恩賜公園

주말이면 아이들의 손을 잡고 찾는 부모부터 오리 보
트를 타기 위해 찾은 커플, 길거리 공연을 하기 위해
온 젊은 음악가까지 수많은 사람으로 활기가 넘친다.
평일에도 물론 많은 사람들이 찾지만 아트마켓과 같
은 색다른 볼거리를 즐기고 싶다면 주말에 찾을 것을
추천한다. 1917년 일본 최초의 교외 공원으로 지정된
후 계획적으로 정비되어 신사와 경기장, 이노카시라
연못의 보트, 이노카시라 자연문화원(井の頭自然文
化園) 등 다양한 시설들이 있다. 벚꽃 시즌에는 연못
으로 드리운 아름다운 벚꽃을 볼 수 있는 것으로 유
명하다.

🚃 게이오 이노카시라센 이노카시라코엔역 하차 도보 1분
🗺 東京都三鷹市井の頭 4
🕐 24시간
📞 +81422-47-6900

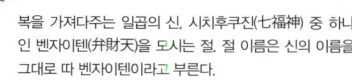

복을 가져다주는 일곱의 신, 시치후쿠진(七福神) 중 하나
인 벤자이텐(弁財天)을 모시는 절. 절 이름은 신의 이름을
그대로 따 벤자이텐이라고 부른다.

일본의
굿 디자인 탐색하기

귀엽고 독특한 문구류가 가득한
키치조지의 보물창고를 찾아가자.

사부로 36

📍 JR 키치조지역 북쪽 출구에서 도보 3분
🏢 東京都武蔵野市吉祥寺本町 2-4-16
🕐 12:00~20:00 / 휴무 화요일(유동적), 연말연시
📞 +81422-21-8118
🌐 www.sublo.net

키치조지의 번화가 한복판에 있지만, 자세히 보지 않으면 지나치기 쉬운 심플한 입구. 설레는 마음으로 좁은 계단을 오르며 10여 년의 역사를 간직한 문구 잡화점을 만날 수 있다. 36이라고 쓰고 사부로 고 읽는 이곳은 다른 지역으로 이벤트성 초청 판매를 다닐 정도로 전 국적인 인기를 끌고 있는 곳! 처음 들어서면 생각보다 협소한 공간에 실망할지도 모르지만 가게 안에 알차게 자리 잡고 있는 기본적인 문 구류부터 레트로 아이템, 사부로 오리지널 아이템 등 개성 넘치는 제 품들을 구경하다 보면 제법 시간이 오래 걸린다.

어린 시절 하나 쯤
은 사 본 다양한
모양의 지우개.

가게의 한쪽 벽면을 가득 채운 이벤트 제품들. 사부로
에서는 한 가지 주제를 정하여 그 주제에 걸맞은 제품
들을 소개하고 판매하는 이벤트를 주기적으로 진행하
고 있다.

키치조지는 큰 백화점과 전문점, 상점가가 모여 있어 쇼핑을 즐기기에 더없이 좋은 동네이다. 신주쿠와 하라주쿠의 축소판이라 불리는 곳답게 골목골목 꼼꼼히 누비다 보면 반나절이 훌쩍 지나가곤 한다.

하지만 역에서도 금방 눈에 띄는 백화점들에 비해 복잡하게 뻗어있는 거리 사이에서 핵심 상점가들을 단번에 찾아내기란 쉽지 않다. 키치조지에서 가장 핫한 상점가를 미리 알아보고 그곳에서 내 마음에 쏙 드는 가게를 찾아내는 것도 키치조지에서의 즐거운 추억이 될 것이다!

매년 가을 열리는 키치조지 상점가 가을 축제

나나이바시도리 상점가
七井橋通り商店街

인테리어 소품이나 잡화, 구제 옷, 액세서리 등을 판매하는 가게들이 많으며 하라주쿠와 비슷한 느낌이 난다. 주변에는 토속적인 분위기의 레스토랑이 많아 주말이면 식사나 쇼핑을 즐기려는 사람들로 인산인해를 이룬다.

📍 JR 키치조지역 공원 출구에서 2분 정도 가면 나오는 마루이백화점 뒤쪽

키치조지 선로드 상점가
吉祥寺サンロード商店街

아케이드 상점가여서 비가 오는 날에도 쇼핑하기 좋다. 소형 상점들이 가득에 구경하는 재미가 쏠쏠하다. 저렴하게 한 끼 식사를 해결할 수 있는 식당도 많다.

📍 JR 키치조지역 북쪽 출구에서 왼쪽을 보면 보이는 맥도날드가 있는 아케이드 내부

쇼와도리 · 다이쇼도리 昭和通り·大正通り

GAP, ZARA, 바나나 리퍼블릭 등의 브랜드숍을 비롯해 패션 잡화점과 액세서리숍이 늘어서 있다. 전반적으로 깔끔한 느낌이며 맛집도 많아 즐거운 시간을 보내기에 부족함이 없다.

📍 JR 키치조지역 북쪽 출구에서 도큐백화점 방향으로 도보 5분. 도큐 백화점을 기준으로 남쪽이 쇼와도리, 북쪽이 다이쇼 도리

하모니카요코초 ハモ二力横丁

우리나라의 재래시장과 비슷한 분위기의 오래된 상점가. 낡은 외관의 수입 잡화점, 양품점 등이 오랜 세월 동안 변함없이 자리를 지키고 있는 한편 세련된 카페와 스타일리시한 술집이 함께 어우러져 있어 묘한 매력을 풍긴다.

📍 JR 키치조지역 북쪽 출구로 나오면 길 건너편에 바로 하모니카요코초 간판이 보임

하모니카요코초 간판

16:00

퓨전카페에서
즐기는
오후의 티타임

세련된 분위기의 카페에서 차와
일본식 디저트를 맛보자.

요코오 橫尾

📍 JR 키치조지역 북쪽 출구에서 도보 5분
🏠 東京都武蔵野市吉祥寺本町2-18-7
🕐 12:00~19:00 / 휴무 화요일, 셋째 주 월요일
📞 +81422-20-4034
🌐 www.sidetail.com/cafe-index.html

간판이 눈에 띄지 않
는 편이어서 모르고
지나칠 수 있으니 주
의할 것

복잡한 도로변을 피해 조용한 골목에 위치
한 카페. 가게 내부는 깔끔하고 세련됐는
데 특히 좌석마다 달린 조명 하나하나
에서 오너의 감각이 느껴진다. 이곳을
방문하는 손님 대부분이 친구와 수다
를 떨다 가기보다는 혼자 찾아와서 그림을 그리거나 책
을 읽는 사람들이 많아 조용한 편이다. 가게의 한쪽으로 오래된 느낌의 서적들
이 나란히 꽂혀 있어 한 권씩 꺼내서 구경하는 것도 즐겁다. 이런 세련된 분위
기와 상반되게 판매하고 있는 메뉴는 전통 일본 디저트가 메인이며 가게에서 사
용하는 그릇들도 일본 느낌이 강한데 그 미묘한 조합이 매력적이다. 쇼핑하다 지쳤을 때 들
러 사진을 정리하며 커피와 함께 달콤한 일본 디저트를 즐기기 딱 좋은 카페이다.

TIP

점심시간(12:00~14:00)에는 런치 세트(1300엔)
도 판매한다. 메뉴로는 오야코동(親子丼)과 생선
조림 정식인 코치 우루메이와시노 오리부오이루
토마토니(高知うるめいわしのオリーブオイ
ルトマト煮)가 있다.

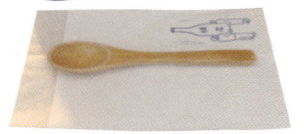

마실 것과 디저트를 하나씩 선택해서 맛볼 수 있는 오차토 오카시 셋토(お茶
とお菓子セット, 980엔)를 추천한다. 사진은 우유젤리인 토로토로 규뉴제
리(とろとろ牛乳ゼリー)에 말차 소스를 끼얹은 것과 커피이다.

일본
**서브컬처의
발상지**

일본 만화부터 애니메이션, 아이돌,
피규어 등 다양한 서브컬처를
만날 수 있는 곳.

나카노 브로드웨이 中野ブロードウェイ

1966년 나카노역 북쪽 출구 주변 개발의 일환으로 탄생한 주상 복합 건물. 나카노역 북쪽 출구로 나오면 바로 보이는 선물 상점가 안을 걷다 보면 나카노 브로드웨이로 들어가는 입구에 도달한다. 허름한 외관에서 느껴지는 세월. 화려했던 과거에 비하면 그 인기가 많이 수그러들기는 했지만, 여전히 활기가 넘친다. 특히 지상 2~4층에 있는 다양한 종류의 서브컬처 숍들은 나카노 브로드웨이의 상징이자 일본 서브컬처의 발상지로도 불린다. 일본 만화나 아이돌 등 서브컬처에 관심이 많은 사람은 물론이며 관심이 없더라도 다른 볼거리도 많아 재미있게 구경할 수 있다.

🏙️ JR 나카노역 북쪽 출구에서 선물 상점가 안으로 들어가 도보 3분
📍 東京都中野区中野5-52-15
🕐 11:00~20:00(가게에 따라 다름)
📞 +813-3388-7004
🏠 www.nbw.jp

免税
TAX FREE

① 1층에 위치한 오카시노마치오카(おかしのまちおか). 시중에 판매하는 과자들을 저렴한 가격에 구매할 수 있다.

② 3층에 있는 카메키치(かめきち)라고 하는 중고 시계방. 관리가 잘 된 중고 브랜드 시계를 저렴한 가격에 구매할 수 있어 인기이다. 한국 연예인들도 애용하는 곳.

③ 전체 길이가 30cm나 되는 특대 사이즈 무지개 소프트아이스크림(480엔)을 맛볼 수 있는 데이리 치코(데이리-치코). 지하 1층에 있다.

④ 만화책부터 DVD, 피규어 등 다양한 상품들을 취급하는 만다라케(まんだらけ)의 본점이 나카노 브로드웨이 3층에 있다. 본점 외에도 20여 곳의 분점이 밀집되어 있다.

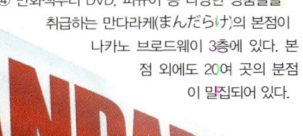

강력 추천!
나카노라멘 맛보기

나카노하면 많은 사람들이 떠올리는 라멘! 쫄깃하고 진한 국물이 일품인 나카노라멘을 먹어보자.

아오바 青葉

미슐랭가이드 도쿄 2015에 실린 것으로 유명한 라멘집. 나카노 사람들은 나카노라멘의 대표로 아오바를 꼽는 사람이 많다. 도쿄라멘의 중독성 강한 다시(だし)에 하카타라멘의 특징인 깊은 맛을 더하여 태어난 아오바는 라멘 전문점으로서의 면모를 갖추기 위해 메뉴를 최소한으로 줄였다. 메뉴는 추카소바(中華そば, 730엔)와 츠케멘(つけめん, 780엔) 단 두 종류이며 가게 앞에 있는 자동판매기에서 각 메뉴에 특제(特製), 곱빼기(大盛り) 옵션을 더하여 구매할 수 있다.

JR 나카노역 북쪽 출구에서 도보 5분
東京都中野区中野5-58-1
10:30~21:00(재료가 떨어지면 더 일찍 문을 닫는 경우도 있다)
+813-3388-5552
www.nakano-aoba.jp

츠케멘은 찍어 먹는 육수에 아오바 오리지널 유자후추가 가미되어 독특한 맛이 일품이다. 면을 다 먹고 주방에 말하면 육수를 짜지 않게 중화시켜주니 국물도 꼭 마시자!

DAY 2

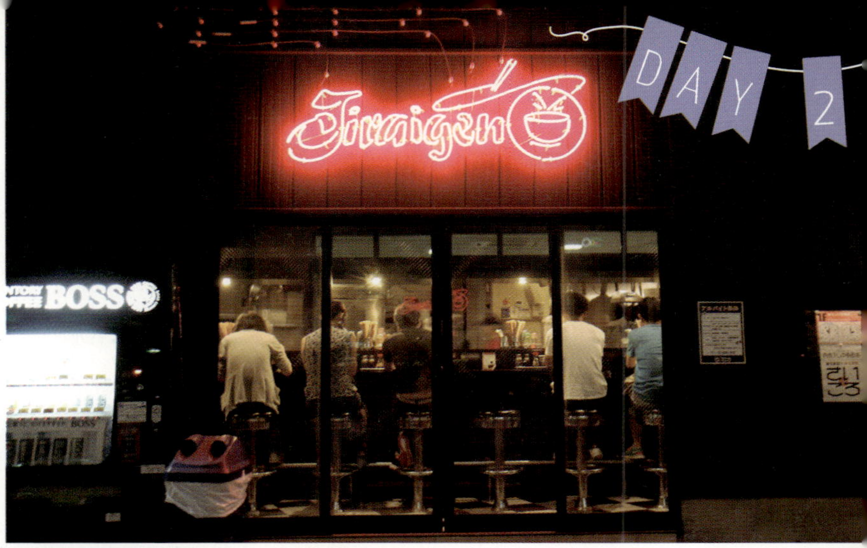

Jiraigen
BOSS

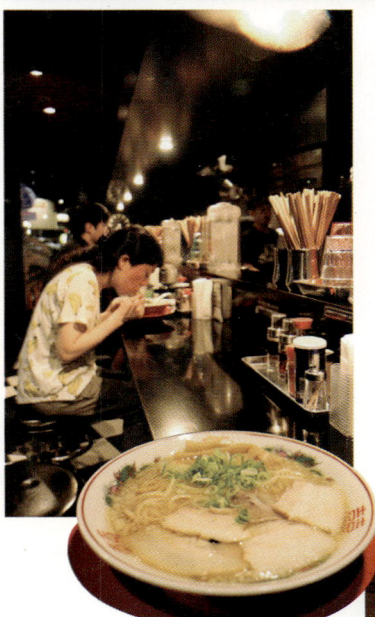

사이코로 さいころ

붉은색 네온사인 간판 덕분에 술집으로 착각하기 쉬운 라멘가게. 10주년을 맞이하여 이름과 메뉴를 새로이 하였으나 곳곳에서 예전 이름인 지라이겐(地雷源)의 흔적이 보인다. 메뉴로는 기본 라멘인 추카소바(700엔)와 츠케멘(750엔)에 특제(特製), 시원하게 우린 고기 육수가 일품인 니쿠니보시(肉煮干し), 돼지고기 기름 육수인 세아부라(背脂) 등의 옵션을 추가하여 맛볼 수 있다. 제일 인기가 많은 메뉴는 돼지고기 기름이 들어가 있으면서도 깔끔한 맛이 특징인 세아부라 니쿠니보시 추카소바(背脂肉煮干し中華そば, 810엔)이다. 주문은 입구에 있는 자동판매기에서 한다.

- JR 나카노역 남쪽 출구에서 도보 3분
- 東京都中野区中野2-28-8
- 11:00~02:00(일 · 공휴일 ~23:00)
- +813-6304-8902
- www.jiraigen.com/shop_honten.html

세아부라 니쿠니보시 추카소바

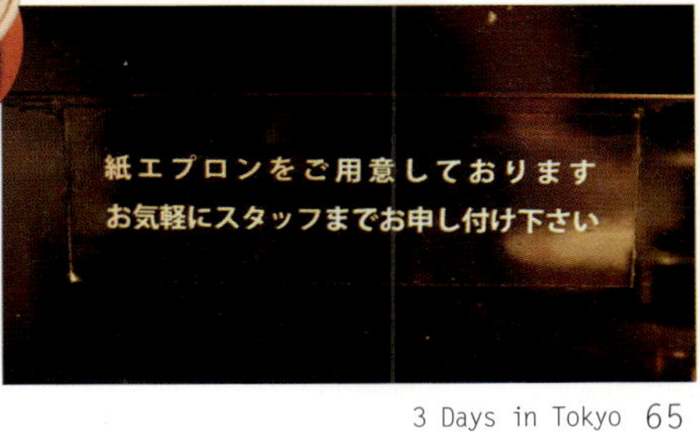

紙エプロンをご用意しております
お気軽にスタッフまでお申し付け下さい

카운터에 말하면 종이로 된 앞치마를 주겠다는 안내글. 필요하다면 카운터에 '카미에푸론 쿠다사이(紙エプロンください)'라고 부탁하면 된다.

유명
라멘체인점
소개

일본의 대표 음식 중 하나인 라멘의 역사는 17세기 일본에 들어온 중화 면을 조리한 것에서 시작되었다. 당시 일본인의 대표 외식 메뉴였던 소바에 중화 면을 사용하였다고 하여 추카소바(中華そば)라고 불렸던 라멘은 지금의 라멘보다 조금 더 깔끔한 맛이었다고 한다. 라멘이 전국적으로 인기를 끌기 시작하며 지역에 따라 육수를 내는 방법, 넣는 재료가 달라지고 지금과 같이 다양한 종류가 생기게 되었다.

라멘이라는 명칭은 1958년에 출시된 인스턴트라멘 '치킨라멘'이 전국적으로 인기를 끈 것을 계기로 추카소바를 대신해 정착하게 되었다. 하지만 라멘이라는 말의 유래에 대해서는 의견이 분분하다고.

이 책에서는 라멘 체인점 두 곳을 소개한다. 두 가게 모두 하카타 돈코츠라멘(豚骨ラーメン) 대표 브랜드이며 도쿄에도 지점이 있는 곳이다. 라멘에 대해 잘 몰라서 어떤 가게에 가면 좋을지 고민된다면 참고하자!

잇푸도 一風堂

1985년 카와하라 시게미(河原成美)가 후쿠오카 다이묘에 문을 연 라멘 전문점. 원래 하카타 라멘 가게들은 '무섭고 냄새나고 더러운 곳'이라는 이미지가 있었다. 카와하라는 여자도 혼자 갈 수 있는 깨끗하고 스타일리시한 내부, 돼지육수 특유의 냄새를 없애면서 맛은 더욱 깊어진 국물, 입에 착 감기는 식감이 일품인 오리지널 면발을 통해 잇푸도를 일본에서도 손꼽히는 라멘 브랜드로 이끌었으며 하카타 라멘의 인기에도 큰 공을 세웠다. 가게이름인 잇푸도는 멈춰있지 않고 계속 부는 바람처럼 시대의 변화에 맞춰 발전하고 싶다는 의미가 담겨 있는데, 잇푸도는 이 이름에 걸맞게 돈코츠라멘에만 연연하지 않고 쇼유라멘(醤油ラーメン), 미소라멘(味噌ラーメン) 등에도 손을 뻗치고 있다. 다양한 메뉴가 있는 가게를 원한다면 잇푸도가 제격이다.

www.ippudo.com

이치란 一蘭

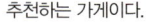

1960년 한 부부가 시작한 라멘 전문점. 초대 점주였던 부부가 나이가 들면서 폐업을 고려했으나 단골손님들의 바람으로 영업을 지속하였다. 이때를 기점으로 단골만을 대상으로 한 회원제 라멘가게로 운영되던 이치란은 후계자이자 현 사장인 요시토미 마나부(吉冨学)가 나노카와(那の川)에 1호점을 내며 다시 특별한 규제 없이 손님을 받게 되었다. 잇푸도와는 다르게 돈코츠 라멘만을 취급하지만, 국물의 농도, 기름진 정도, 마늘 양 등 선택지가 다양하여 돈코츠 라멘을 처음 접하는 사람들에게 추천하는 가게이다.

www.ichiran.co.jp

미타카역

START 1

남쪽 출구

미타카
관광안내소

카제노산포미치
P.48

이노카시라 자연문화원

카페 뒤 리에누
P.

미타카노모리
지브리 미술관
P.50

키치조지역에서 나카노역으로는 JR 중앙
선 도쿄행(東京行)을 이용해 10분(170엔)
이 소요된다.

도보 루트

전철·메트로역

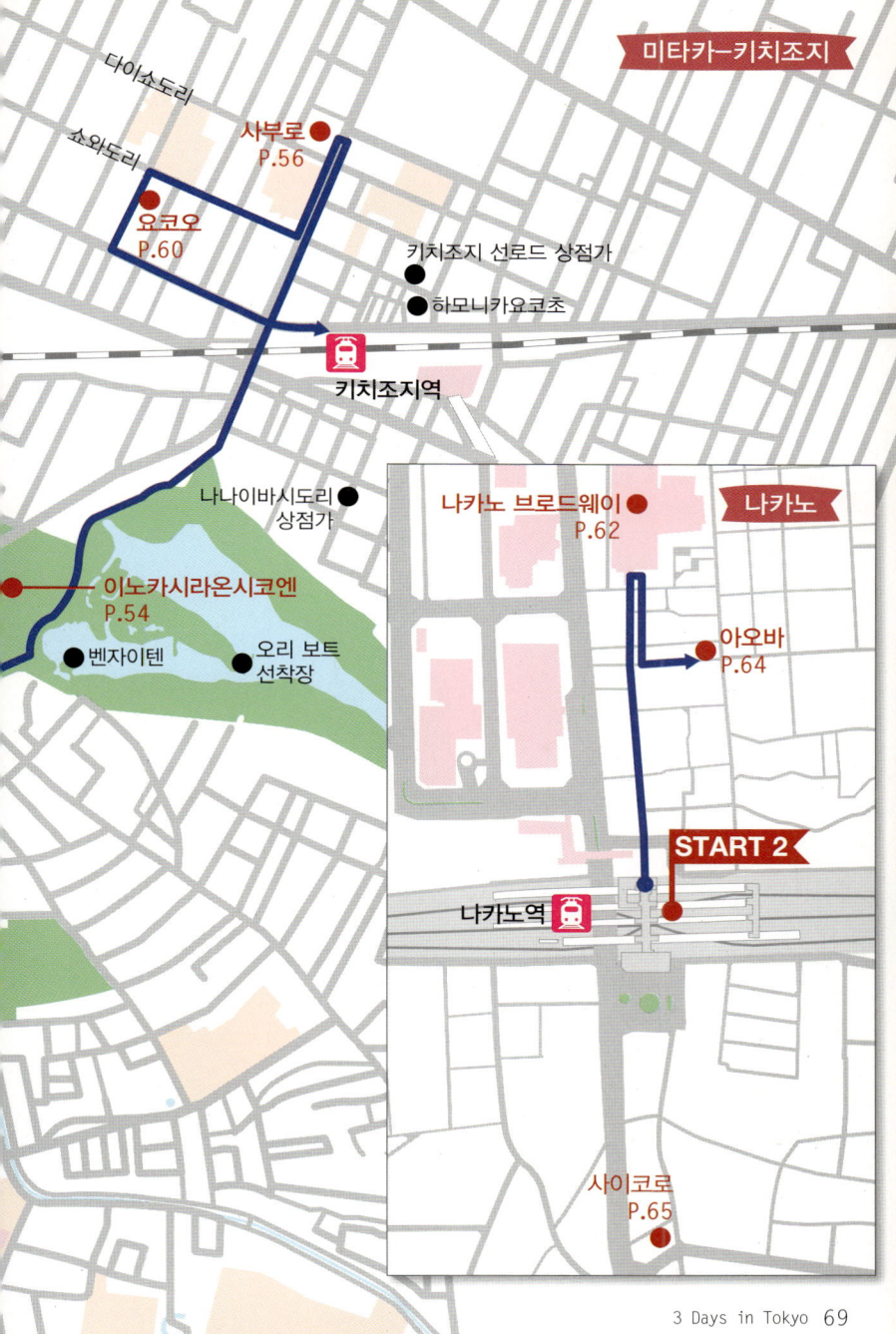

다이쇼도리

쇼와도리

사부로
P.56

요코오
P.60

키치조지 선로드 상점가

하모니카요코초

키치조지역

나카노 브로드웨이
P.62

나카노

나나이바시도리
상점가

이노카시라온시코엔
P.54

아오바
P.64

벤자이텐

오리 보트
선착장

START 2

나카노역

사이코로
P.65

일본의 고양이

일본에서는 고양이가 인간의 생활과 밀접한 행운의 동물로 여겨진다. 반려견의 수와 반려묘의 수가 거의 비슷할 정도로 반려동물로서도 큰 사랑을 받고 있다. 또한, 가게에서 쉽게 볼 수 있는 팔을 든 웃는 표정의 고양이 마네키네코는 복을 불러오는 상징으로 선물용, 기념품으로 인기가 많다. 일본의 고양이 사랑을 느낄 수 있는 곳으로 찾아가 보자.

인간의 삶과 죽음, 그리고 고양이

일본의 주택가를 걷다 보면 묘비가 한데 모여 있는 풍경을 마주할 때가 있다. 일본인에게 있어 묘지란 나의 소중한 사람이 잠들어 있는 공간으로, 두렵게 생각하기보다는 삶의 일부로 여기는 곳이다. 매일 같이 찾는 사람들이 많다 보니 깨끗하게 관리되고 있으며 이른 시간에는 묘비 사이로 나 있는 길을 산책하는 사람도 제법 있다.

야나카레이엔(谷中霊園)은 이러한 일본의 도심 속 묘지 중에서도 유명 인사들이 많이 묻혀있어 이름이 알려진 곳이다. 묘지 사이에 도로가 있을 정도로 규모가 커서 일본의 독특한 묘지 문화를 보기 위해 많은 사람들이 찾다보니 관광지화(?)되었을 정도.

야나카레이엔 안을 걷다 보면 고양이가 '야옹'하고 우는 소리가 자주 들린다. 귀를 기울이고 소리가 들리는 쪽으로 가면 어김없이 고양이를 만날 수 있다. 이곳 고양이들은 사람과 친숙한 탓인지 사람이 보이면 쪼르르 따라온다. 동네 주민분들은 그러한 고양이들을 보고 요즘 노랑이가 살이 쪘느니 빠졌느니 일상적인 대화를 나눈다. 지극히 평범한 모습

에 잠시 이곳이 묘지라는 것을 잊게 된다.

죽은 자들의 공간, 그곳을 찾는 산 자와 정령처럼 고요하게 지키고 있는 고양이. 이 묘한 밸런스가 느껴지는 야나카레이엔으로 조금 특별한 산책을 떠나자.

JR 닛포리역 남쪽 출구에서 도보 4분
東京都台東区谷中7-5-24
03-3821-4456

기회의 고양이, 마네키네코

일본에선 어디를 가든 손을 들고 있는 고양이 모형 마네키네코(招き猫)를 쉽게 찾을 수 있다. 마네키네코의 유래에 대해서는 다양한 설이 있다. 그 중 하나가 고토쿠지(豪徳寺)설이다.

에도시대의 히코네한(ひこねはん)의 2대 번주였던 이이 나오타카(井伊直孝)가 매사냥을 마치고 고토쿠지 앞을 지날 때였다. 절 앞에 앉아있던 삼색 고양이가 손을 흔들어 자신을 부르는 듯한 행동을 하는 것을 보고 잠시 절에 들러 휴식을 취하기로 했다. 그러자 천둥 번개가 치며 비가 쏟아지기 시작하는 것이 아닌가? 고양이 덕분에 비를 피할 수 있었던 나오타카는 감사의 표현으로 스러져 가던 절을 복구할 수 있도록 조치를 취했다. 이 인연으로 고토쿠지는 이이 가문의 위패를 모시는 절이 되었다.

고양이는 세월이 흘러 죽게 되었고 절에서는 고양이를 위한 사당을 지어 이름을 마네키네코도(招猫堂)라고 지었다. 고양이의 손을 흔드는 포즈를 따라 만든 장식품 마네기네코(招福猫児)도 만들어 절 안을 꾸몄다.

고토쿠지에 있는 마네키네코를 잘 보면 오른손을 들고 있는 고양이만 있다. 고토쿠지는 이이 가문의 위패를 모신 절로, 예로부터 왼손은 무사에게 있어 부정의 손으로 여겨졌기 때문이다. 또한 코반(こばん)이라는 에도시대의 화폐를 들고 있는 마네키네코도 찾아볼 수 없는데 그 이유는 '마네키네코는 기회를 가져다줄 뿐, 결과(코반)를 가져다주지 않는다. 결과는 지극해 본인에 달려 있다.'라는 믿음 때문이

라고 한다.

기회를 불러다 주는 고토쿠지의 마네키네코는 구매도 가능하다. 가격은 크기에 따라 천차만별. 마음에 드는 마네키네코를 구매하여 자신의 꿈을 성취해내겠다는 의지를 다져보는 건 어떨까?

📍 오다큐센 고토쿠지역에서 도보 8분
🏠 東京都世田谷区豪徳寺 2-24-7
🕐 09:00~16:30
☎ 03-3426-1437

> **TIP**
> 오른손을 들고 있는 마네키네코는 금전을, 왼손을 들고 있는 마네키네코는 사람을 불러주는 것으로 알려졌다. 간혹 양쪽 손을 들고 있는 마네키네코도 있는데, 욕심이 너무 많으면 복이 달아난다고 싫어하는 사람도 많다.

마네키네코를 판매하는 곳.

일본의 패션

일본의 거리를 걷다 보면 독특한 패션을 뽐내는 사람들이 흔하게 눈에 띈다. 화려한 색상의 옷, 난생처음 보는 헤어스타일, 굉장히 공을 들인 듯한 메이크업에 놀라고, 지나가던 사람들이 한 번쯤 쳐다볼 법도 한데 모두가 평정심을 유지하고(?) 제 갈 길을 가고 있어 또 한 번 놀란다. 창의적인 패션을 지향하고 남들과는 다른 개성을 추구하는 일본. 조금은 부럽기도 하고 괜한 용기가 생겨서 나도 한 번 특이한 옷을 입어볼까 고민하게 된다.

신사 등 전통적인 관광지에 가거나 축제를 보러 가면 전통의상을 입고 있는 사람을 쉽게 목격한다. 그뿐만 아니다. 아이돌 콘서트장에 유카타를 입고 온 관객, 개조한 기모노로 화려하게 치장한 여성까지 일본에는 전통의상을 특별한 날에만 입어야 한다거나 특별한 곳에서만 입어야 한다는 고정관념이 존재하지 않는다. 전통을 고수해야 한다는 의무감이 아닌 진정으로 전통을 사랑하고 생활에서 이어가고 있는 모습이 아름답다.

도쿄의
여유로움을
배우다

도쿄를 느긋하게 걷고
맛보고 즐기기

햇살 가득한 테라스에서 즐기는 여유로운 아침식사

길게 뻗은 그린 스트리트에 위치한 정겨운 느낌의 카페에서 아침식사를 먹자.

하나캬베츠 花きゃべつ

📍 도큐도요코센 지유가오카역 남쪽 출구에서 도보 3분
🏠 東京都目黒区自由が丘1-7-3
🕐 09:30~20:00 / 휴무 1월 1일
📞 +813-3724-0310
💻 ameblo.jp/hanakyabetsu-pancake

지유가오카역 남쪽 출구를 나와 가로로 길게 이어진 그린 스트리트를 따라 왼쪽으로 걷다 보면 가게 앞 테라스가 매력적인 하나캬베츠가 나온다. 35년 전통의 팬케이크 전문점인 이곳은 계절별로 바뀌는 인테리어와 친절한 서비스 등에서 오너의 섬세함이 느껴진다. 아침부터 달콤한 팬케이크를 먹기에 부담스럽다면 오전 09:30부터 11:00까지 판매하는 모닝 세트를 맛보자. 플레인 팬케이크에 음료, 베이컨 등이 함께 나와 든든하게 배를 채울 수 있는 세트는 495엔부터 770엔까지 다양하다. 메뉴판에 친절하게 사진이 붙어있어 주문에는 큰 어려움이 없다.

초코바나나 팬케이크(860엔)와
스페셜 블랜드 커피(495엔), 스
페셜 블랜드 커피와 아메리
카노는 팬케이크와 세
트로 주문 시 90엔
할인된다.

할로윈에 맞춰 꾸민 실내.

aCCENT STYLe

폭신폭신
마음까지 따뜻해지는
인형들이
기다리는 곳

알록달록 귀여운 패턴의 동물 아이
템들은 소장용·선물용으로 좋다.

come in

¥810

¥1080

크래프트홀릭 CRAFTHOLIC

입구부터 귀여움으로 가득한 잡화점. 인테리어·생활잡화 회
사인 악센트 스타일(aCCENT STYLe)의 자회사 크래프트홀릭
은 아이부터 어른까지 모두가 좋아할 만한 캐릭터를 활용하여
다양한 제품을 선보이고 있다. 대표 캐릭터로는 토끼 라부와
곰 슬로스, 고양이 코라트, 원숭이 로리스가 있다.

📍 도큐도요코센 지유가오카역 정면 출구에서 도보 3분
✂ 東京都目黒区自由ヶ丘2-9-2辻田ビルディング1F-B
🕐 11:30~19:30
📞 +813-6421-3286
🏠 www.craftholic.com

대형 쿠션은 한국에서 구매하는 것보다
약 1만 원 이상 저렴하게 구매할 수 있다.
가격은 3240엔~4100엔 정도.

크래프트홀릭 지유가오카 카토레아도
리점은 직영점으로, 직영점에서만 판
매하는 한정 제품들을 만날 수 있다.

도시락을 싸고 싶게 만드는 귀
여운 비주얼의 도시락통

지유가오카
추천 쇼핑 스폿

지유가오카에는 개성 넘치는 잡화점이 곳곳에 즐비하다. 정면 출구 쪽으로 나오면 다양한 명칭의 쇼핑 거리가 사방으로 뻗어 있는데 어느 한 곳만 둘러보기엔 아쉬울 정도로 모든 거리에 시선을 끄는 상점들이 포진해 있다.

투데이즈 스페셜 TODAY'S SPECIAL

자연을 소중히 하고 오늘을 특별히 생각한다는 의미를 지닌 투데이즈 스페셜. 빈티지한 느낌의 에코백과 실용적인 워터보틀이 크게 인기를 끌었다. 그 외에도 다양한 식재료와 부엌 용품, 생활 잡화 등 다양한 상품을 취급한다. 가게 3층에는 카페도 운영 중이다.

📍 도큐도요코센 지유가오카역 정면 출구에서 도보 3분
🚉 東京都目黒区自由が丘2-17-8
🕐 11:00〜21:00
📞 +813-5729-7131
🔗 www.todaysspecial.jp

뽀빠이카메라 ポパイカメラ

곧 80주년을 맞이하는 사진전문점이다. 사진을 찍고 인화하는 즐거움을 알리고, 사진을 귀엽게 꾸미기 위한 앨범과 잡화를 판매한다. 가게 내부가 큰 편은 아니지만 사진 관련 아이템들이 알차게 진열되어 있어 볼거리가 쏠쏠하다.

🏠 도큐도요코센 지유가오카역 정면 출구에서 도보 2분
🗺 東京都目黑区自由が丘2丁目10-2
🕐 11:00~20:00 / 휴무 부정기적
📞 +813-3718-3431
🏠 www.popeye.jp

프랑프랑 Francfranc

잡화부터 가구까지 폭넓은 제품을 갖춘 가게로 전국에 80여 개의 매장이 있다. 최근 여성들에게 전폭적인 지지를 받고 있으며 특히 프랑프랑의 에코백은 실용적이고 가격도 저렴해 크게 인기를 끌고 있다. 그 외에도 한국에 들고오기 간편한 예쁜 잡화들이 많으니 둘러보자.

🏠 도큐도요코센 지유가오카역 남쪽 출구에서 도보 3분
🗺 東京都世田谷区奥沢5-26-16自由が丘マスト3F
🕐 11:00~20:00
📞 +813-5701-7880
🏠 www.francfranc.com

12:30

강변에서 즐기는 여유로운 점심식사

메구로가와 강변에는 분위기도 좋고 맛도 좋은 레스토랑이 많다.

위트 Huit

메구로가와 바로 옆에 위치한 유럽 요리 전문점. 맛있는 음식과 분위기 덕분에 언제나 손님들로 붐빈다. 11:45부터 15:00에는 플레이트 · 파스타 · 샌드위치 · 샐러드 · 카레 중 하나를 선택해 맛볼 수 있는 런치 세트(1080엔)가 인기이며 각각의 메뉴는 매일 변동된다.

🗺️ 도큐도요코센 나카메구로역에서 도보 5분
🍴 東京都目黒区中目黒1-10-23 リバーサイドテラス1F
🕐 11:45~24:00(일 · 공휴일 ~22:00)
📞 +813-3760-8898
🏠 ctn139.com/shop_huit.html

플레이트 런치 세트와 파스타 런치 세트의 메인 요리. 샐러드와 음료가 함께 제공된다.

마더 에스타 マザーエスタ

채소 본연의 맛을 살린 요리를 맛볼 수 있는 곳. 시원하게 바람이 통하는 실내에서 식사를 하고 있으면 몸과 마음이 모두 건강해지는 느낌이다. 점심시간에는 다양한 런치 메뉴를 제공하는데 그중에서도 플레이트 런치 세트(1250엔)가 가장 인기. 플레이트 한가득 지금 계절에 가장 맛있는 메인 요리와 신선한 채소를 맛보자.

🚶 도큐도요코센 나카메구로역에서 도보 15분
🏠 東京都目黒区青葉台2-20-14
　　青和ビル 1F
🕐 11:30~14:00(토·일·공휴일 ~15:00),
　　18:00~22:00 / 휴무 수요일
📞 +813-5724-5778
🌐 www.mother-esta.com

플레이트 런치 세트. 식사가 끝나면 디저트를 가져다 준다.

14:00

도심 속을 고요히 흐르는
메구로가와
산책하기

봄에는 벚꽃, 여름에는 녹음, 가을에는 낙엽, 겨울에는 일루미네이션으로 1년 내내 아름다운 메구로가와를 따라 걸어보자.

메구로가와 目黒川

메구로가와를 따라 길게 뻗어 있는 길은 사계절이 모두 아름다운 산책로이다. 강변에 심겨 있는 나무는 모두 벚꽃나무로 봄이면 하얗게 내린 벚꽃 잎이 메구로가와의 강물을 타고 내려가는 장관을 감상할 수 있다. 물론 이 시기에는 도쿄의 여느 벚꽃 명소들과 마찬가지로 어마어마한 인파가 몰려 메구로가와다운 '여유로움'은 느끼기 힘드니 주의할 것. 강변에는 독특하면서도 고급스러운 상점이 늘어서 있어 마음에 드는 가게를 찾아 구경하는 재미도 있다.

① 강변 곳곳에 근처 초등학교 학생들이 그
린 '쓰레기 투기 금지' 포스터가 붙어 있다.

② 봄의 메구로가와.

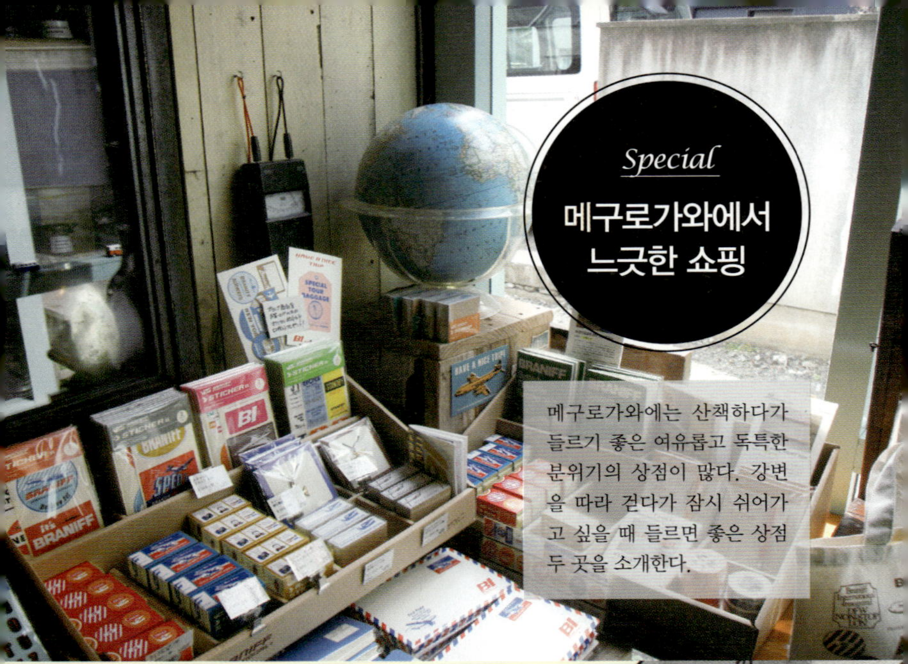

메구로가와에서 느긋한 쇼핑

메구로가와에는 산책하다가 들르기 좋은 여유롭고 독특한 분위기의 상점이 많다. 강변을 따라 걷다가 잠시 쉬어가고 싶을 때 들르면 좋은 상점 두 곳을 소개한다.

트래블러스 팩토리 TRAVELER'S FACTORY

1층은 여행관련 상품들이 있으며 2층은 카페 겸용 전시 공간으로 꾸며져 있다. 트래블러스 노트에서 운영. 심플한 가죽 노트 커버에 속지를 끼워 자신만의 맞춤 노트를 제작할 수 있다.

🏠 도큐도요코센 나카메구로역에서 도보 3분
🗺 東京都目黒区上目黒3-13-10
🕐 12:00~20:00 / 휴무 화요일
📞 +813-6412-7830
🌐 www.travelers-factory.com

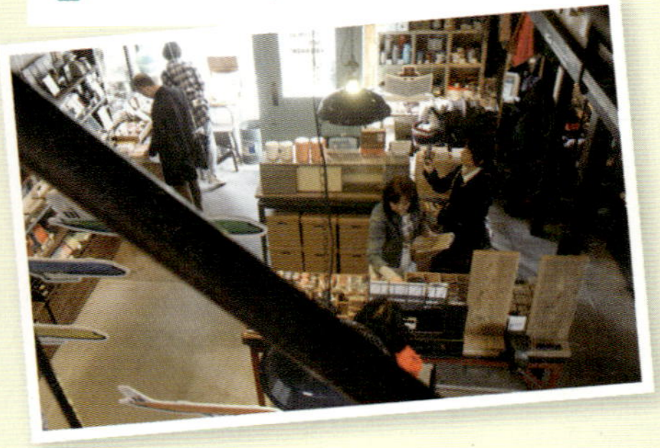

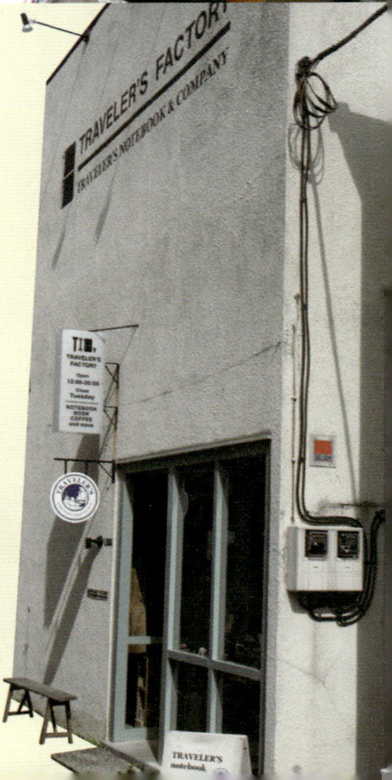

카우북스의 상징인 젖소.

카우북스 COW BOOKS

소처럼 느긋한 시간을 즐길 수 있는 서점. 신간도 판매하고 있으나 주력 상품은 소장가치 높은 중고 서적들이다. 보통 중고 서점 하면 눅눅한 종이 냄새가 나는 낡은 곳을 떠올리지만 카우북스는 모던한 인테리어에 책장 가득 꽂혀있는 빛바랜 책들이 묘한 조화를 이루고 있다. 공식 홈페이지에서 보유 도서 정보를 볼 수 있으니 미리 확인하면 좋다.

📍 도큐도요코센 나카메구로역에서 도보 5분
🚇 東京都目黒区青葉台1-14-11
🕐 12:00~20:00 / 휴무 월요일
📞 +813-5459-1747
🌐 www.cowbooks.jp

colobockle
http://www.colobockle.jp

타치모토 미치코의
따뜻한
아틀리에

그림 속 세상이 현실이 되는
작은 공방을 둘러보자.

콜로보클 colobockle

특유의 감성과 독특한 그림체로 큰 사랑을 받고 있는 그림책 작가 타치모토 미치코의 아틀리에. 빈티지한 느낌의 하얀 건물 안에는 타치모토가 표현하고자 했던 그림책 속 세계가 고스란히 표현되어 있다. 그림책과 귀여운 인형, 문구 등 아이부터 어른까지 모두가 갖고 싶어 할 만한 제품으로 가득하다. 카운터 뒤쪽으로는 타치모토의 작업실이 있다. 평소에는 아틀리에 관리인이 자리를 지키고 있지만 가끔 타치모토 본인이 있을 때도 있다.

📍 도큐도요코센 나카메구로역에서 도보 5분
🚇 東京都目黒区中目黒1-1-54
🕐 목～금 12:00～19:00
📞 +813-3714-7393
🏠 www.colobockle.jp

타치모토 미치코의 작업실

TIP colobockle은 어린이 멀티미디어를 제작하는 레이블이다. 인기 일러스트레이터와 그림책 작가들의 작품을 한데 모아 무크지 Pooka+도 발간하고 있다.

REGALOS STYLE
TOKYO

다이칸야마의
보물창고 탐방

다이칸야마에는 괜찮은 잡화점과
셀렉트 숍이 많다. 그중에서도
가격이 부담스럽지 않고 가볍게
구경할 수 있는 잡화점을 추천한다.

레갈로 스타일 REGALOS STYLE

없는 것 빼고 다 있는 만물상점. 인스턴스 식품
부터 욕실용품, 액세서리, 인테리어 소품까지
폭넓은 제품군을 취급한다. 내부도 제법 넓은
편이다. 천천히 구경하다 보면 독특하고 괜찮
은 아이템을 찾을 수 있을 것이다. 가격대도 적
당하다.

🚉 도큐도요코센 다이칸야마역 동쪽 출구에서 도보 3분
✕ 東京都渋谷区恵比寿西1-34-17 ザ・ハウスビル 1F
🕐 11:00~20:00(토 ~20:30)
📞 +813-5489-5404
🏠 www.figarostyle.jp

쿠쿠 CouCou

전 품목 300엔(세금 포함 324엔)의 잡화점.
일본에는 100엔숍 체인점 종류가 상당히 많
은데 쿠쿠 또한 그중 하나이다. 다른 100엔
숍들과 비교했을 때 취급하는 아이템들이 여
성 취향이라는 것과 100엔이 아닌 300엔인
만큼 물건의 퀄리티가 괜찮은 편이라는 점에
서 차별화를 두었다. 특히 일용품 중 괜찮은
것이 많으니 둘러보자.

📍 도큐도요코센 다이칸야마역 정면 출구에서 도보 2분
🗾 東京都渋谷区猿楽町24-7 代官山プラザビル 1F
🕐 11:00~20:00 / 휴무 부정기적
☎ +813-3461-0921
🏠 www.coucou.co.jp

대부분이 300엔이지만 간혹 두 개를 묶어서
300엔에 파는 상품들도 있으니 잘 확인할 것!

다이칸야마 먹거리 로드

다이칸야마에는 구매 욕구를 자극하는 숍뿐만 아니라 식욕을 자극하는 스폿도 매우 많다. 최근 SNS에서 유행하고 있는 유명 디저트부터 살짝 배가 고파졌을 때 부담 없이 먹기 좋은 타코야끼까지 다이칸야마의 먹거리를 소개한다!

본돌피 본카페 bondolfi boncaffe

로마에 본점을 둔 카페. 이탈리아식 진한 에스프레소(250엔)를 맛볼 수 있기로 유명한 이곳에서 또 한 가지 반드시 맛봐야 할 것이 있다. 바로 아라고스타 소프트(アラゴスタソフト, 600엔)! 바삭한 빵 안에 커스터드 크림을 가득 채우고 그 위에 바닐라 혹은 에스프레소 아이스크림을 듬뿍 올려주는 디저트로 큰 인기를 끌고 있다. 달콤한 당분을 충전하고 싶다면 본돌피 본카페로 가보자!

📍 도큐도요코센 다이칸야마역 정면 출구에서 도보 5분
🗾 東京都渋谷区代官山町20-23 TENOHA代官山
🕐 10:00~23:00
📞 +813-3464-3720
🔗 tenoha.jp/bondolfi-boncaffe

얼스 카페 Urth Caffé

옛 방식을 이용해 커피를 재배하여 건강한 커피를 제공하는 오가닉 카페. 커피뿐만 아니라 다른 음료와 디저트도 오가닉을 고수하고 있는데 특히 과일 세 종류를 직접 선택해서 맛볼 수 있는 스무디(720엔)가 특히 맛이 좋다. 과일은 바나나, 오렌지, 파인애플, 망고, 파파야, 딸기, 키위, 사과가 있으며 한 종류의 과일로만 맛보고 싶다면 400엔을 더 지불해야 한다.

📍 도큐도요코센 다이칸야마역 서쪽 출구에서 도보 3분
✖️ 東京都渋谷区猿楽町8-9
🕐 10:00~22:00
📞 +813-5784-3301
🏠 www.urthcaffe-japan.com

엔 えん

고급스러운 느낌의 거리 사이에 어색하게 서 있는 타코야키 가게. 외관만 봐서는 그냥 지나치기 쉬운 곳이지만 사실 이곳은 현지인 사이에서는 제법 유명한 타코야키 맛집이다. 바삭한 표면과 대조되는 부드러운 속, 그리고 쫄깃하게 식감이 살아있는 문어는 한 번 맛보면 잊을 수 없다. 가볍게 먹기 좋은 4개 세트(280엔)와 살짝 배가 고파졌을 때 먹기 좋은 8개 세트(540엔)가 있다.

📍 도큐도요코센 다이칸야마역 서쪽 출구에서 도보 3분
✖️ 東京都 渋谷区 代官山町 16-2
🕐 11:00~19:00 / 휴무 화요일
📞 +813-3463-2621
🏠 homepage2.nifty.com/enweb

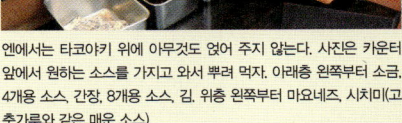

엔에서는 타코야키 위에 아무것도 얹어 주지 않는다. 사진은 카운터 앞에서 원하는 소스를 가지고 와서 뿌려 먹자. 아래층 왼쪽부터 소금, 4개용 소스, 간장, 8개용 소스, 김. 위층 왼쪽부터 마요네즈, 시치미(고 춧가루와 같은 매운 소스).

정성이 가득 담긴
돈가스를
맛보자

'밀푀유카츠'로 이름을 알린
키무카츠의 본점에서
저녁식사를 하자.

키무카츠 キムカツ

얇게 썬 로스 25장을 겹쳐 만든 새로운 스타일의 돈가스로 유명한 키무카츠의 본점. 밀푀유카츠라고도 불리는 키무카츠의 돈가스는 돼지의 맛있는 부분을 얇게 떠서 겹겹이 쌓아 올린 후 튀기기 때문에 고기 사이사이에 차 있는 육즙과 씹는 맛이 일품이다. 심플하면서도 고급스러움이 묻어나는 외관에 최근 리뉴얼 공사를 거친 실내는 한층 더 깔끔하고 감각적으로 변신했다. 육즙 가득한 부드러운 돈가스에 가게 분위기까지 좋아 특히 여성들에게 인기가 많으며 각종 매체에서 자주 소개되고 있다. 돈가스는 밥과 장국, 양배추가 함께 나오는 세트를 주문할 시 1980엔이며 양배추와 돈가스만 나오는 단품은 1500엔이다.

JR 에비스역 동쪽 출구에서 도보 5분
東京都渋谷区恵比寿4-9-5
월~목 11:00~15:30, 17:30~23:00, 금·토·공휴일 전날 11:00~23:00, 일·공휴일 11:00~23:30
+813-5420-2929
www.kimukatsu.com

테이크아웃용으로 판매하는 카츠산도(カツサンド, 700엔). 부드러운 식빵과 하나가 된 듯 돈가스도 굉장히 부드럽다. 안에 들은 돈가스가 꽤 두껍지만 이러한 일체감 덕분에 분해되지 않고 깨끗하게 맛볼 수 있다.

惠比寿

TIP

키무카츠에서는 밥을 짓는 데도 큰
정성을 쏟고 있다. 일일이 재배 방법
까지 지정하여 재배한 쌀을 이용하
여 밥을 지으며, 미리 지어두지 않고
돈가스가 튀겨지는 15분에 맞춰 주
문이 들어온 순간 밥을 짓기 시작한
다. 그래서 갓 지은 밥과 두터운 돈
가스를 맛보기 위해선 15분 이상의
대기 시간이 필요하므로 다른 음식
점보다 음식이 늦게 나오더라도 느
긋하게 기다리는 여유가 필요하다.

19:00

에비스의
랜드마크에서 보는
도쿄의
마지막 야경

에비스 가든플레이스에 우뚝 솟은
40층 높이의 타워에서 도쿄에서의
마지막 밤을 즐기자.

에비스 가든플레이스타워 恵比寿ガーデンプレイスタワー

1991년 도심재개발사업의 일환으로 삿포로 맥주의 에비스 공장 부지를 개발해 1994년 에비스 가든플레이스가 탄생했다. 넓은 부지의 약 60%가 광장과 공원 등 오픈 공간으로 조성되어 여유롭게 산책하기 좋고, 높게 솟아있는 타워빌딩에서는 무료로 야경을 볼 수 있어 데이트 장소로 인기이다. 가든플레이스타워에서 야경을 보고 싶다면 38층과 39층의 레스토랑 가로 바로 올라가는 직통 엘리베이터를 이용하도록 하자. 엘리베이터 창밖으로 아득히 멀어지는 지면을 바라보고 있으면 금세 레스토랑 가에 도착하게 되는데, 엘리베이터에서 내리자마자 오른쪽을 보면 넓은 유리창 너머로 아름답게 빛나는 시부야, 신주쿠 방면의 전망을 감상할 수 있다.

레스토랑가로 올라가는 직통 엘리베이터. 가든플레이스타워 정문으로 들어가면 오른쪽에 직통 엘리베이터(直通エレベーター) 방향을 알려주는 표지판이 있으니 따라갈 것.

 JR 에비스역 동쪽 출구에서 스카이워크로 5분
 東京都渋谷区恵比寿4-20 恵比寿ガーデンプレイス内
11:30~23:00
+813-5423-7111
 gardenplace.jp

TIP 에비스 가든플레이스타워 바로 앞에 있는 비어 스테이션(ビヤステーション). 에비스 생맥주 판매량 전 세계 1위를 자랑하는 대규모 비어홀로 잠시 들러 간단한 안줏거리와 함께 에비스 맥주(한 잔에 594~604엔)를 맛보기 최적의 장소이다.

지금은 한국의 편의점에서도 손쉽게 찾을 수 있는 일본 맥주. 깊이 있는 맛과 여러 고객층의 취향을 만족하게 할 수 있는 다양성 덕분에 세계적으로도 큰 사랑을 받고 있다.

일본에 맥주가 본격적으로 보급되기 시작한 것은 1800년대 후반. 덴마크 칼스버그 사의 기술을 빌려 일본인의 손에 의해 만들어지기 시작한 맥주는 대기업의 독점에 의해 대량생산이 가능하게 되며 전국으로 뻗어 나가게 되었다. 이때까지 식탁에서 자주 볼 수 있었던 와인은 맥주의 대중화에 의해 그 자리를 내주게 되었다.

현재는 법률 규제 완화로 지역 맥주와 소규모 브루어리의 크래프트 맥주까지 증가하고 있는 일본! 수없이 많은 맥주 중에서 오랜 세월 일본의 5대 맥주로 손꼽히고 있는 대표 브랜드를 소개한다.

1. 기린 キリン

19세기 후반에 만들어져 130년 가까운 세월동안 사랑받아온 브랜드. 기린 맥주의 원점이라고 할 수 있는 라거 비어(ラガービール)와 클래식 라거(クラシックラガー)를 필두로 세계적으로도 큰 사랑을 받고 있는 상표를 다수 보유하고 있다.

2. 아사히 アサヒ

한국에서도 쉽게 찾아볼 수 있는 슈퍼 드라이(スーパードライ)를 비롯하여 세련된 맥주 라인이 많다. 2011년에는 맥주계의 오스카상이라고 불리는 'BIIA'에서 금상을 수상하는 등 맛과 품질 모두 세계적으로 인정받고 있는 브랜드이다.

3. 삿포로 サッポロ

19세기 후반에 삿포로에서 만들어진 브랜드. '엄선한 원료를 이용하여 맥주를 만들겠다'는 신념으로 보리 생산자와 합심하여 직접 재배를 하는 등 원료 조달에 열의와 정성을 쏟는 메이커.

4. 산토리 サントリー

더 프리미엄 몰츠(ザ・プレミアム・モルツ)를 출시하여 프리미엄 맥주의 장을 연 산토리. 그 외에도 획기적이며 신선한 기획으로 다양한 제품을 만들어내고 있다. 일본 맥주 사이에서는 가장 새로움을 추구하는 브랜드이다.

5. 에비스 ヱビス

기린·삿포로와 함께 19세기 후반에 만들어진 에비스는 제2차 세계대전의 영향으로 한때 그 자취를 감췄으나, 1971년 맥아 100%의 맥주와 함께 당당하게 부활하였다. 일본 내 맥주 애호가들에게 높은 평가를 받고 있는 실력파 브랜드.

나카메구로–다이칸야마–에비스

엔

마더 에스타
P.81

쿠쿠 P.89

본돌피 본카페 ●

다이칸야마역

● 카우북스

레갈로 스타일
P.88

● 메구로가와
P.82

트래블러스 팩토리 ●

START 2

콜로보클
P.86

🚇
나카메구로역

지유가오카에서 나카메구로까지는 도부
도요코센 카와고에시행(川越市行)을 타
고 4분(160엔)이 소요된다.

위트
P.80

●➤ 도보 루트

🚇 전철 · 메트로역

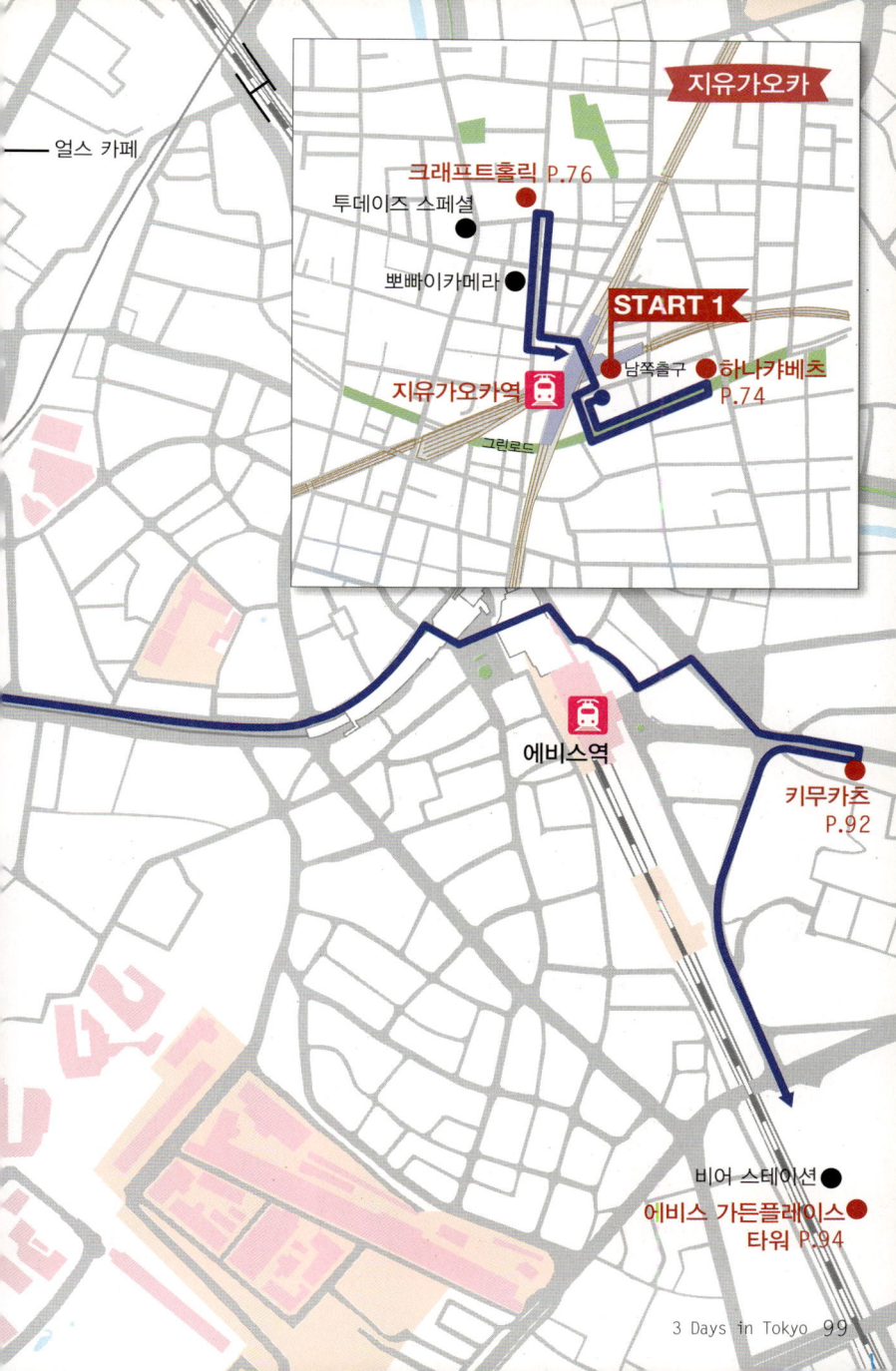

얼스 카페

지유가오카

크래프트홀릭 P.76

투데이즈 스페셜

뽀빠이카메라

START 1

남쪽출구

지유가오카역

하나카베츠
P.74

그린로드

에비스역

키무카츠
P.92

비어 스테이션

에비스 가든플레이스
타워 P.94

일본의 정원

일본에서 여행을 하다 보면 항상 느끼는 것이 하나 있다. 우리나라에서 흔히 볼 수 있는 주거형태인 아파트 대신 개인 주택이 많으며 주택마다 정원이 예쁘게 꾸며져 있다는 점이다. 마당이 좁은 집은 화분을 이용해 다양한 식물을 키우기도 하며 집 옆 작은 땅도 허투루 쓰지 않고 오밀조밀 예쁘게 꽃을 심는다. 이러한 정원을 구경하는 것은 일본을 산책하는 즐거움 중 하나이다.

일본 정원의 특징

일본의 정원은 자연을 소중히 여기는 마음이 깃들어 있다. 정원이라는 한정된 공간 안에 자연의 세계를 표현하고자 하는 경향이 짙다. 일본의 정원에서 흔히 볼 수 있는 하얀색 모래들로 물과 파도 등을 표현하기도 하며 돌 하나를 놓아도 완벽한 조화를 위해 오랫동안 고심한 흔적이 엿보인다. 일반 가정집에서는 한정된 공간 탓에 작은 나무나 꽃 화분을 여러개 두는 것으로 자신만의 정원을 꾸미는 사람도 많은데, 이때에도 최대한 자연에 가까운 최적의 배치를 위해 고민한다.

가드닝 제품

정원을 꾸미는 사람이 많은 만큼 역사 주변을 조금만 돌아봐도 금방 꽃집을 찾을 수 있다. 예쁜 꽃이나 묘목을 구경하는 것도 즐겁고 보다보면 사고 싶어지기도 하지만 한국까지 들고 오는 데는 여러 가지 어려움이 있다. 가드닝을 좋아하거나 도전해보고 싶다면 관련 제품을 구매해 보는 건 어떨까? 꽃집에서는 기본적인 가드닝 용품부터 귀여운 소품까지 다양한 가드닝 상품을 판매하고 있다. 조금 더 전문적인 가드닝 상품을 원한다면 가드닝 용품점을 찾아보자.

일본인의 배려

일본에는 유독 좁은 길이 많다. 간혹 일방통행이 아닌데도 불구하고 차 한 대만이 겨우 지나갈 수 있을 정도로 좁은 골목길도 있을 정도다. 이런 경우 조금 가다보면 반대쪽에서 차가 와서 '외나무다리'에서 맞닥뜨리는 것과 같은 상황이 연출되기도 한다. 이때 일본인들은 누가 먼저 할 것 없이 후진해서 차를 빼준다.

일본의 전철은 출퇴근 시간이 되면 플랫홈이 가득 찰 정도로 많은 사람들이 몰린다. 하지만 신기하게도 모두 질서정연하게 줄을 서서 내리는 사람이 먼저 내린 후 찬찬히 올라탄다. 또한 만원 전철에서 내리겠다는 말을 한 마디 하면 십여 명의 사람들이 모두 내려 내릴 수 있도록 도와준다.

식당에서 밥을 먹고 있을 때 아이가 큰 소리를 내며 가게 안을 뛰어다니기 시작하는 광경을 목격하는 경우가 종종 있다. 이때 대부분의 부모가 부리나케 달려와 아이의 엉덩이를 때리고 혼을 낸다. '남에게 민폐를 끼치면 안 된다(他人に迷惑をかけてはいけない).'는 생각은 일본인들에게는 굉장히 중요한 개념 중 하나이다.

이렇게 남에게 민폐를 끼치면 안 되기에 질서를 지키고 마찰이 생길 수 있는 상황에서는 한 발 물러서서 배려하는 것. 이러한 생활습관과 사고방식은 일본인들의 생활 곳곳에 녹아 있어 여행 중 자주 마주하게 되며 미소 짓게 한다.

도쿄를 조금 더
즐기고 싶다면

또 다른
세계로의 여행
**도쿄
디즈니리조트**

아기자기 귀여운 꿈의 나라
디즈니랜드와 로맨틱한 동화 속 세계
디즈니씨를 즐기는 방법.

디즈니랜드를 순회하는 모노레일

도쿄 디즈니랜드 東京ディズニーランド

디즈니를 테마로 한 어트랙션을 즐길 수 있는 테마파크. 디즈니 캐릭터상품을 판매하는 기념품점과 레스토랑이 있으며 총 7개의 존으로 나눠져 있다. 디즈니 씨에 비해 무서운 놀이기구가 적고 주류를 판매하지 않는다는 점에서 어린이만을 위한 디즈니 테마파크라고 생각하는 사람도 많은듯 하지만 디즈니랜드만의 아기자기하고 귀여운 감성은 어른들의 잠든 동심을 간질이기에 충분하다.

🚉 도쿄역에서 JR 케이요센 이용, 마이하마역에서 하차하여 남쪽 출구에서 도보 5분
📍 千葉県浦安市舞浜1-1
🕐 08:00~22:00(요일과 시즌에 따라 변동)
📞 +81570-00-8632
🌐 www.tokyodisneyresort.jp/kr/tdl/

TIP
디즈니 리조트의 티켓인 패스포트는 디즈니 공식홈페이지와 한국의 대행구매 사이트에서 미리 구매를 하거나 방문 당일에 디즈니 리조트에서 직접 당일권을 사는 방법이 있다. 주말엔 티켓매표소부터 매우 붐비기 때문에 미리 구입해두면 입장하는 데까지 시간을 아낄 수 있다. 요금은 공식홈페이지에서 확인 가능하다.
🌐 www.tokyodisneyresort.jp/kr/ticket/

도쿄 디즈니씨 東京ディズニーシー

이름 그대로 해변에 위치한 디즈니 테마파크. 어트랙션과 함께 조화를 이루고 있는 다양한 테마의 건축물들은 마치 유럽에 와있 는 듯한 기분이 들게 한다. 식당에서 주류를 판매하고, 기념품숍 에서 커피를 판매하는 등 디즈니랜드와는 달리 어른들에게 로맨 틱한 매력을 어필하는 테마파크이다. 또한 타워 오브 테러, 센터 오브 더 어스와 같이 스릴 넘치는 어트랙션도 많다.

🚇 도쿄역에서 JR 케이요센 이용. 마이하마역에서 하차하여 남쪽 출구에서 도보 13분.
　모노레일을 이용하면 9분(260엔)
🗾 千葉県浦安市舞浜1-13
🕐 08:00~22:00(요일과 시즌에 따라 변동)
📞 +81570-00-8632
🏠 www.tokyodisneyresort.jp/kr/tds/

디즈니씨에서만 만날 수 있는 더피. 더피 관련
굿즈도 디즈니씨에서만 구매할 수 있다!

① 당첨자 한정 공개 쇼를 볼 수 있는
지 당첨 여부를 확인하는 곳. 안에 설
치된 기계에 티켓의 QR코드를 인식시
키면 된다. 당첨 티켓 1매당 쇼 입장권
1매이므로 동반인이 있는 경우 함께 당
첨 여부를 확인해야 한다.

② 미스테리어스 아일랜드에서 판매
하는 호빵. 다진 고기와 야채로 채워져
있다.

TIP
디즈니랜드와 씨의 인기 놀이시설 입구에 있는 발권기에 패스포트를 넣으면 탑승 예정 시간
이 찍힌 패스트패스를 받을 수 있다. 긴 줄을 서지 않고 예정 시간에 맞춰 가면 입장할 수 있
어 유용하다. 발권 받은 패스트패스를 사용하기 전까진 중복해서 패스트패스를 발권할 수 없
으니 계획을 잘 세워서 사용할 것!

자연과 인공의 조화를 느낄 수 있는 곳 오다이바

아름다운 자연경관, 최첨단 놀이 시설, 최신 유행 숍 등 다양한 매력을 고루 갖춘 오다이바의 추천 스폿들.

레인보우 브릿지 レインボーブリッジ MAP _ p128

총 길이 798m에 달하는 오다이바의 명물 다리. 레인보우 브릿지라는 이름은 공모를 하여 선정된 이름으로 정식 명칭은 '도쿄코 렌라쿠바시(東京港連絡橋)'이다. 여러 드라마 · 영화의 배경이 되기도 하여 언제나 많은 관광객으로 북적인다. 레인보우 브릿지는 전망데크에서 바라봐도 좋고 직접 건널 수도 있다. 전망데크에는 또 하나의 명물인 자유의 여신상도 있어 포토 스폿으로도 사랑받고 있다. 생각보다 작은 크기에 실망할지도 모르지만 오다이바의 상징인 만큼 안 들르고 지나치기엔 서운한 곳이다.

레인보우 브릿지 프롬나드

TIP
유리카모메 시바우라후토역에서 레인보우 브릿지에 설치된 프롬나드로 갈 수 있다. 날씨가 좋은 날에는 오다이바와 후지산의 전경을 한 눈에 담을 수 있다. 도중에 화장실과 매점, 자동판매기가 없으니 참고할 것. 09:00부터 21:00까지(11~3월 10:00~18:00) 이용 가능하며 셋째 주 월요일과 연말연시, 바람이 강한 날에는 이용할 수 없다.

덱스 도쿄 비치

デックス東京ビーチ　MAP_p128

1996년 오다이바의 다양한 복합 쇼핑몰 중 가장 먼저 문을 연 오다이바의 터줏대감이다. 도쿄만의 여객선을 모티브로 설계한 독특한 건물 내에는 150여 개의 숍과 레스토랑, 어뮤즈먼트 시설이 입점해 있다.

🚃 유리카모메 오다이바카이힌코엔역에서 도보 2분
📍 東京都港区台場1-6-1
🕐 11:00~23:00
☎ +813-5500-5050
💻 www.odaiba-decks.com

① 도쿄의 1960대 시가지를 그대로 재현한 쇼핑센터. 옛날 느낌이 나는 독특한 물건을 판매하고 있다. 시사이드몰 4층에 위치.
② 타코야키 가게 7곳이 모여 있는 곳. 모두 타코야키의 본고장인 오사카에 본점을 둔 가게들이다. 시사이드몰 4층에 위치.

다이바시티 도쿄 플라자

ダイバーシティ東京プラザ MAP _ p128

광장에 있는 1:1 사이즈의 건담으로 유명한 곳. 이 거대 건담은 정해진 시간이 되면 소리를 내며 움직이는 장관을 연출한다. 건담이 움직이는 모습을 보고 싶다면 건담프론트 도쿄 홈페이지에서 스케줄을 확인하자. 그 외에도 150점 이상의 쇼핑 스폿과 엔터테인먼트 시설, 레스토랑이 들어서 있어 다양한 즐거움을 선사한다.

유리카모메 다이바역에서 도보 5분
東京都江東区青海1-1-10
쇼핑 10:00~21:00, 푸드코트 10:00~22:00, 레스토랑 11:00~23:00
+813-6380-7800
www.divercity-tokyo.com

다이바 시티 7층에 있는 건담프론트 도쿄 (gundamfront-tokyo.com/kr). 생동감 넘치는 건담을 체험할 수 있는 엔터테인먼트 공간이다. 6대의 3D 프로젝터와 13대의 스피커가 설치된 특설 거대 돔 DOME-G, 건담 캐릭터의 사진이 진열되어 있는 캐릭터 포토스폿 등 볼거리가 풍부하다. 입장료는 1200엔(초중학생 1000엔)이다. 2층에는 부설 건담 카페도 있다.

후지테레비 ダイバーシティ東京プラザ　MAP＿p128

MAP＿p128

오다이바를 상징하는 랜드마크. 메탈 느낌의 독특한 외관과
우주선이 건물 사이에 들어앉은 듯한 대형 구체 전망대 하
치타마(はちたま)가 인상적이다. 방송국의 주요 시설은
일반인의 출입이 금지되어 있지만, 25층 전망대를 비롯한
일부 시설은 개방해 방문객을 맞이하고 있다.

🚇 유리카모메 다이바역에서 도보 3분
📍 東京都港区台場2-4-8
🕐 10:00~18:00(휴무 월요일)
📞 +81180-993-188
🌐 www.fujitv.co.jp/gotofujitv

TIP
후지테레비에 도착하면 제일 먼저 1층의 인포
메이션센터에서 견학 안내 책자를 받아 튜브
에스컬레이터를 타고 7층으로 이동한다. 7층에
티켓판매소가 있는데 스탬프랠리 시트를 받아
스탬프가 놓여있는 스폿을 기준으로 동선을 짜
면 쉽게 돌아볼 수 있다. 총 5곳에 숨어있는 스
탬프를 다 모으면 후지테레비의 공식 마스코트
인 파란색 강아지 라후가 완성되고 1층 인포메
이션센터에서 소정의 상품을 받을 수 있다.

비너스포트 VenusFort MAP _ p128

오다이바의 핵심 쇼핑 시설인 비너스포트는 가족과 펫을 위한 비너스 패밀리(1층), 최신 패션·코즈메틱 숍이 밀집한 비너스 그랜드(2층), 독특한 개성을 자랑하는 하이브리드형 아웃렛 몰 비너스 아웃렛(3층)으로 구성되어 있다. 특히 비너스 포트를 대표하는 공간인 비너스 그랜드는 17~18세기 유럽의 거리를 본뜬 거리에 로마의 트레비 분수가 연상되는 분수광장, 진실의 입, 카지노 비너스 등이 배치되어 이국적인 분위기가 매력적이다.

🧭 유리카모메 다이바역에서 도보 5분
✖ 東京都江東区青海1-1-10
🕐 쇼핑 10:00~21:00, 푸드코트 10:00~22:00, 레스토랑 11:00~23:00
📞 +813-6380-7800
🔖 www.VenusFort.co.jp

① 실제 돈을 걸고 게임을 하는 것이 아닌, 전문 딜러의 설명을 들으며 카지노 체험을 할 수 있는 카지노 비너스(Casino venus).

② 비너스 그랜드의 천장은 3층까지 시원하게 뚫려 있으며 특수 조명을 설치해 시간의 흐름에 따라 푸른 하늘, 저녁노을, 깊은 밤을 연출한다.

다이칸란샤 大観覧車 MAP _ p128

지름이 자그마치 100m에 달하는 대관람차
(920엔). 8가지 색깔로 구분된 64대의 곤돌라
가 한 바퀴 일주하는 데 걸리는 시간은 16분
정도이다. 낮에는 평범해 보이지만, 밤이 되면
화려한 네오 조명이 불을 밝혀 오다이바의 분
위기를 한층 매혹적으로 만든다. 사방이 투명
한 폴리카보네이트 재질의 시스루 곤돌라는
인기가 많아 줄을 따로 설정도!

📍 비너스 포트 바로 옆
🏠 東京都江東区青海1-3-10
🕐 10:00~22:00(금 · 토 · 공휴일 전날 ~23:00)
🌐 www.daikanransha.com

TIP

오다이바 여행의 발이 되어주는 유리카모메. 승무원이 없는
무인궤도주행 시스템을 채택한 독특한 교통수단이다. 기본요
금은 190엔이며 이동구간에 따라 380엔까지 할증된다. 하루
종일 유리카모메를 타고 오다이바의 주요지역을 돌아볼 계획
이라면 유리카모메 1일승차권(800엔)이 경제적이다.
🌐 www.yurikamome.tokyo/ko

미리 보는
도쿄 축제

도쿄에서는 계절마다 크고 작은
축제, 마츠리(祭り)가 열린다. 여행
계획을 짜기 전에 축제가 열리는
기간을 체크해보자.

하나미 花見

벚꽃이 피는 시기가 가까워지면 일본의 뉴스들은 일제히 벚
꽃 개화 상태를 알리느라 분주해진다. 보통 3월 말부터 4월
초 사이이다.

TIP
도쿄의 축제를 한눈
에 체크하고 싶다면
www.gotokyo.org/
eventlist/ko/list을 확
인할 것!

스미다가와 하나비타이카이 隅田川花火大会

도쿄 최대 규모의 불꽃놀이대회. 불꽃 제작
회사들의 작품들로 구성된 2만 발의 불꽃
이 도쿄의 밤하늘을 수놓는다.

sumidagawa-hanabi.com

도쿄국제영화제 東京国際映画祭

일본의 대표적인 영화제로 약칭은 TIFF. 매년
10월에 개최된다. 롯폰기힐스(六本木ヒルズ)
와 신주쿠 다수의 영화관이 메인 무대이다.

tiff-jp.net

일본 관광의 필수코스
드럭스토어

일본을 방문한 많은 관광객들이
꼭 들르는 코스 중 하나가 바로
드럭스토어이다. 화장품부터
의약품, 과자까지 다양한 상품을
저렴하게 구매할 수 있어
인기가 많다.

마츠모토키요시 マツモトキヨシ

명불허전 도쿄에서 가장 자주 마주치는 드럭스토어.

🔲 www.matsukiyo.co.jp

TIP

드럭스토어는 같은 브랜드여도 지점마다 모두 가격
이 다르다는 사실! 시세이도 퍼펙트휩의 경우 지점에
따라 크게는 80엔 가까이 차이가 나기도 하니 구매
전에 반드시 가격을 확인할 것.

산도락구 サンドラッグ

마츠모토키요시에 비해 좀 더 저렴한 편.

🔲 www.sundrug.co.jp

추천! 드럭스토어 아이템

시세이도 퍼펙트휩
SHISEIDO Perfect Whip

인기 최고인 폼 클렌징. 적은 양만 사용해도 샌크림처럼 부드럽고 풍성한 거품이 난다.

리후레아
リフレア

강력한 차단·지속 효과를 가진 데오도란트. 연고 타입부터 롤, 크림까지 다양한 제형이 있다.

시 브리즈
SEA BREEEZE

땀을 흘린 뒤 유용한 아이템. 알코올 성분이 몸을 시원하게 해주고, 내장된 파우더가 보송보송하게 마무리해준다. 향기별로 여러 가지 종류가 있다.

증기 아이 마스크
蒸気でアイマスク

눈에 붙이면 따뜻해지는 향기로운 아이 마스크. 장시간의 컴퓨터 사용 후 등, 눈이 지쳤을 때 피로를 풀어주기 좋다.

아이봉
アイボン

안구 세정제. 눈 속에 들어있는 이물질이나 메이크업 잔여물을 씻어낼 때 유용하다. 마일드 마일드, 쿨 쿨 등 시원한 정도에 따라 타입이 나뉜다.

카베진 코와α
キャベジンコーワα

위의 점막을 튼튼하게 보호하고 운동을 촉진하여 약해진 위의 기력을 회복해주고 정상적인 기능을 할 수 있도록 돕는 위장약이다.

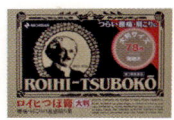

로이히 쓰보코
ロイヒつぼ膏

동그라미 모양의 파스로 동전 파스라는 별칭으로 불린다. 크기가 작아서 혼자서도 붙이기 쉽다.

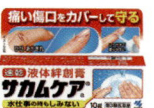

사카므케아
サカムケア

젤 타입의 상처 코팅제. 상처에 바르면 딱딱하게 굳는데, 바를 땐 아프지만 완벽한 방수 기능으로 물이 닿아도 따갑지 않다.

해열 시트
熱さまシート

귀찮게 수건을 갈 필요 없이 이마에 붙이고 있으면 되는 편리한 해열 시트. 어른용, 어린이용이 있다.

하네다공항에서
만날 수 있는
**도쿄 인기
오미야게**

한국으로 귀국하기 전에 하네다
공항 출국 게이트 바로 위층에서
구입할 수 있는 여행선물, 오미야게
(おみやげ)를 소개한다.

로이스 ROYCE'

오미야게로 인기가 많은 로이스의 초콜릿.
그중에서도 짭짤한 감자 칩에 달콤한 초콜
릿이 묻어있는 로이스 포테이토칩 초콜릿
(ROYCE' POTATOCHIP CHOCOLATE)과 생
초콜릿인 로이스 나마 초콜릿(ROYCE' NAMA
CHOCOLATE)이 특히 인기가 많다.

도쿄바나나 東京ばな奈

도쿄 오미야게의 대표주자. 부드러운 바나나 모양의 빵 안에 달콤한 바나나향 크림이 들어있다. 매번 귀여운 패키지의 한정판을 공개하며 여심저격을 톡톡히 하고있다.

자매품 쇼콜라 브라우니
(ショコラブラウニー)

메리 초콜릿 メリーチョコレート

1950년 도쿄 아오야마에서 개업한 일본의 초콜릿 메이커. 메리라는 여자 아이 마크가 그려진 패키지가 인상적이다. 퀄리티에 비해 가격도 적당한 편으로 선물용으로 제격이다.

킷캣 Kit Kat

킷캣은 한국에서도 구하기 쉬운 편에 속하는 과자이지만 일본에만 파는 한정판은 충분히 매력적이다.

히요코 ひよ子

병아리 모양의 귀여운 생김새에 맛도 좋아 오랫동안 오미야게로서 사랑받아온 만주. 1912년 후쿠오카현에서 태어난 100년 전통의 과자이다.

시가르 シガール

엽궐련 모양을 한 과자로 버터의 향이 풍부하며 아삭 하고 씹는 식감이 좋다. 그 외에도 홍차 향이 나는 것과 안에 화이트 초코를 채운 것이 있다.

비오는 날에도
쇼핑하기 좋은
신주쿠 백화점

지하도로 모두 이어져있어 비오는
날에도 쇼핑하기 좋은 신주쿠의
백화점들을 소개한다.

케이오백화점 京王百貨店

오다큐백화점과 함께 JR 신주쿠역 서쪽 출구에 자리 잡고 있는 백화점. 여느 백화점과 달리 브랜드 매장에 의존하지 않고 자사 PB 상품을 집중적으로 개발하고, 마케팅을 적극적으로 펼치는 것으로 유명하다.

📍 JR 신주쿠역 서쪽 출구에서 바로 연결
🕐 10:00~20:30(일 · 공휴일 ~20:00)
📞 +813-3342-2111
🏠 info.keionet.com/shinjuku

타카시마야 타임스퀘어

高島屋タイムズスクエア

타카시마야백화점과 도큐핸즈, 키노쿠니야서점, 영화관 등 대형 전문점이 한자리에 모여 있는 초대형 복합 쇼핑몰. 최고급 명품 브랜드부터 캐주얼 브랜드까지 모두 갖추고 있어서 원스톱 쇼핑이 가능하다. 다른 백화점들에 비해 지하통로로 이동하기 조금 복잡하다.

📍 JR 신주쿠역 신 남쪽 출구에서 바로 연결
🕐 10:00~20:00(금 · 토 ~20:30)
📞 +813-5361-1111
🏠 www.takashimaya.co.jp/shinjuku

루미네1 LUMINE1

신주쿠역에는 각 출구마다 각기 다른 루미네가 있어서 헷갈리기 쉬우니 주의가
필요하다. 게이오 바로 옆에 있는 것이 루미네1관. 고감도 셀렉트숍과 인기
카페, 레스토랑이 들어서 있으며 패션 플로어는 22:00까지, 레스토랑과 서점
은 23:00까지 운영해 늦은 시간에도 쇼핑하기 좋다.

- JR 신주쿠역 서쪽 출구에서 바로 연결
- 11:00~22:00(토·일·공휴일 10:30~)
- +813-3348-5211
- www.lumine.ne.jp/shinjuku

오다큐백화점 小田急百貨店

신주쿠역 바로 위에 있는 종
합 백화점. 숙녀복 중심의
패션 매장이 많아 여성 고객
들이 많이 찾는 편이며 지하
2층의 식료품관이 유명하다.

- JR 신주쿠역 서쪽 출구에서 바로 연결
- 10:00~20:30(일·공휴일 ~20:00)
- +813-3342-1111
- www.odakyu-dept.co.jp/shinjuku

신주쿠 미로드 SHINJUKU MYLORD

오다큐백화점과 연결되어 있으며 10~20대
초반 여성들에게 어필할 수 있는 개성 있는
가게가 모여 있다.

- 신주쿠역 남쪽 출구에서 바로 연결
- 10:00~21:00
- +813-3349-5611
- www.shinjuku-mylord.com

신주쿠 알타 SHINJUKU ALTA

신주쿠에서 가장 인기 있는 만남
의 장소. 10대 여자아이들이 좋아
할 만한 개성 있는 패션몰이 들어
서 있고, 지하에는 카페와 편의점,
아울렛 잡화 등이 있다.

- JR 신주쿠역 동쪽 출구에서 왼쪽으로
  걷다가 나오는 계단을 내려가서
  바로(B13)
- 11:00~20:30
- +813-3350-5500
- www.shinjuku-mylord.com

이세탄 伊勢丹

신주쿠도리에서 가장 눈에 띄는 아르데코 양식의 대형 백화점. 어느 백화점들 보다도 고급스러운 느낌이 강한 곳이다. 2013년에 80주년을 맞이하여 지하 2창, 지상 1~4층을 리뉴얼 오픈하였다. 지하에 있는 식품관의 음식들이 모두 맛있기로 유명하다.

📍 JR 신주쿠역 동쪽 출구에서 왼쪽으로 걷다가 나오는 계단을 내려가서 B3 · 4 · 5과 바로 연결
🕐 10:30~20:00
📞 +813-3352-1111
🏠 isetan.mistore.jp/store/shinjuku

마루이 이이

신주쿠도리 중심부에 위치한 마루이 본관을 중심으로 테마에 맞춰 별관이 흩어져 있다. 본관은 캐리어 우먼 대상 레이디즈, 마루이 카렌은 저렴한 퍼스트 패션, 마루인 원은 트렌드 패션, 마루이 아넥스는 대중적인 트렌드 패션, 마루이 맨은 세련된 맨즈로 구성되어 있다.

📍 JR 신주쿠역 동쪽 출구에서 왼쪽으로 걷다가 나오는 계단을 내려가서 B9와 바로 연결
🕐 11:00~21:00(일 · 공휴일 ~20:30)
📞 +813-3354-0101
🏠 www.0101.co.jp/stores/guide/store980.html

Special
신주쿠 이세탄 데파치카 탐험

백화점 지하를 의미하는 데파토치카(デパート地下)의 줄임말인 데파치카. 이 데파치카는 맛있는 먹거리로 가득하다. 디저트부터 반찬류까지 인기 있는 체인점이 입점하여 진열장을 채우고 있다. 데파치카를 돌아보는 것만으로 요즘 가장 핫한 디저트와 일본 고유의 반찬을 구경할 수 있어 보는 재미가 쏠쏠하다. 그중 특별히 눈길이 가는 것이 있다면 사서 호텔에서 먹는 것도 또 하나의 즐거움이 될 것이다!

추천 먹거리

피낭시에 フィナンシェ
노아 드 부르(noix de beurre)의 대표 과자. 겉은 바삭하고 속은 촉촉한 피낭시에이다. 가격은 1개에 216엔, 5개에 1404엔으로 저렴한 편은 아니지만, 선물용으로 추천할 만하다.

프루트펀치 フルーツポンチ
리 포르(Li Pore)의 레몬 과즙에 7종 과일을 넣어 만든 프루트펀치. 알코올이 첨가되어 있지 않아 디저트로 먹기 좋다. 가격은 사이즈에 따라 410엔부터 3240엔까지 다양하다.

난도그 ナンドッグ
인도커리에 찍어 찍어 먹기도 하는 난과 핫도그의 합성어. 난 안에 주재료와 신선한 채소가 들어있어 먹기 편하며 식사대용으로도 좋다. 사진은 시타라 티아라 (シターラ ティアラ)의 탄두리치킨 난도그(648엔).

프루트 샌드위치 フルーツサンド
유명 디저트 전문점인 센비키야(千疋屋)의 대표 디저트. 살짝 짭짤한 식빵 안에 딸기, 키위, 파파야, 파인애플, 생크림을 첨가한 샌드위치. 과일의 단맛을 살리기 위해 생크림은 단맛을 최소화하여 부담 없이 맛볼 수 있다. 가격은 1080엔.

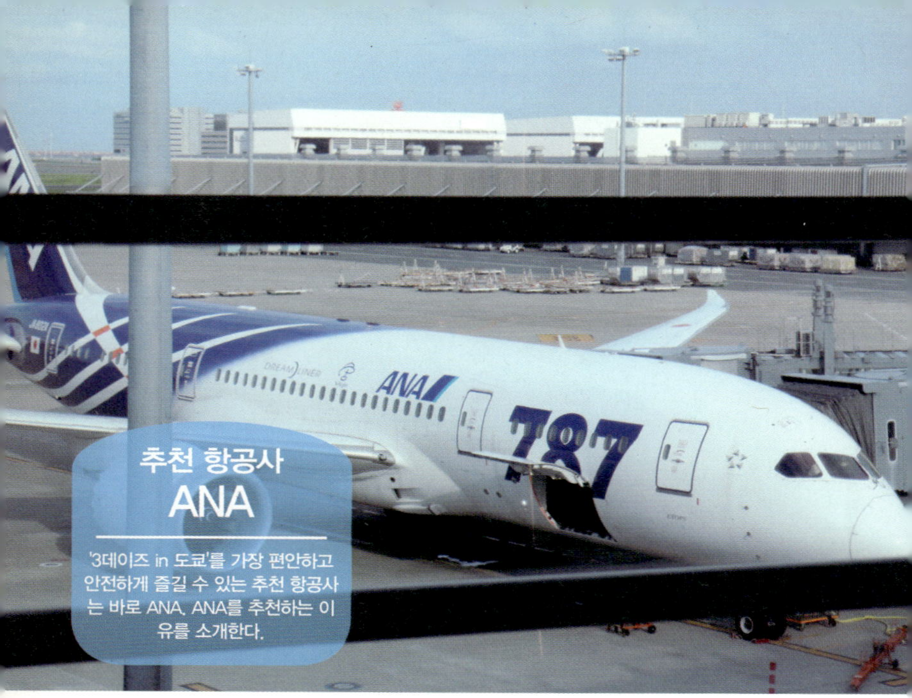

추천 항공사
ANA

'3데이즈 in 도쿄'를 가장 편안하고 안전하게 즐길 수 있는 추천 항공사는 바로 ANA. ANA를 추천하는 이유를 소개한다.

김포-하네다 구간을 운항하는 항공사로 하루에 총 3회 운항하며 2시간~2시간 30분이 소요된다. 비행 스케줄 선택이 다양하고 요금도 한국 항공사보다 저렴한 편으로 극성수기만 아니면 30만 원대에 왕복할 수 있다. 일본 비행기이긴 하지만 스타 얼라이언스 제휴 항공사로 아시아나와 공동운항을 하여 한국인 승무원이 동승해 보다 편리하게 이용할 수 있다. 기내식도 항상 메인 메뉴와 소바 메뉴 두 가지가 함께 나오며 음료는 물, 과일 음료, 탄산 음료, 와인, 일본 브랜드 맥주 중 선택할 수 있다. 식후에는 커피, 홍차, 녹차 등을 제공한다. 서비스는 전반적으로 매우 좋은 편으로 2015 스카이트랙스 세계항공대상에서 4번째이자, 3년 연속 세계 항공 서비스 부문을 수상하기도 하였다.

www.ana.co.jp/wws/kr/k

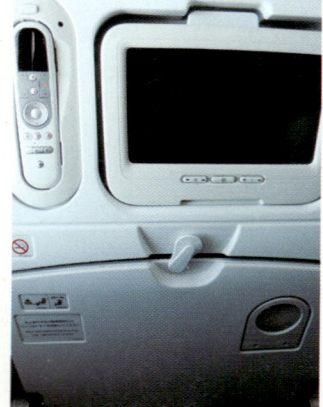

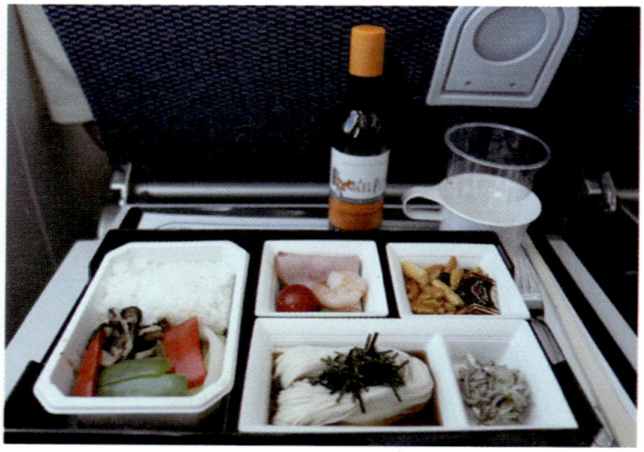

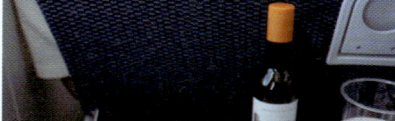

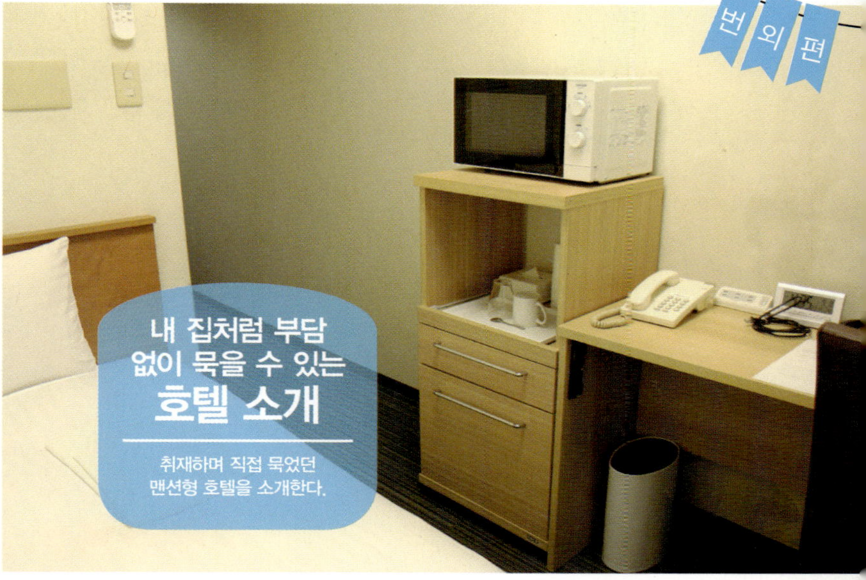

내 집처럼 부담 없이 묵을 수 있는 **호텔 소개**

취재하며 직접 묵었던 맨션형 호텔을 소개한다.

플렉스테이 인 스가모 FLEXSTAY INN SUGAMO

플렉스테이 인 스가모는 호텔이라기보다는 임대 맨션이라는 표현이 더 어울리는 곳이다. 다른 호텔과는 다르게 간단한 조리기구와 인덕션, 전자레인지가 있어 직접 요리를 해 먹을 수 있다. 또한, 리셉션 바로 옆에는 코인 세탁기가 있어 장기 투숙객에게 편리한 구조이다. 대신 새로운 수건이 필요하다면 리셉션에 직접 부탁을 해야 하며, 청소를 해주지 않으므로 간단한 청소와 쓰레기통 비우기는 직접 해야 한다. 대신 그만큼 가격이 저렴하며 내 집 같다는 느낌이 들어 편안하다. 건물 내부에는 엘리베이터가 있지만 지하 1층에 있는 리셉션으로 가기 위해선 입구에서 계단을 내려가야 하니 참조할 것. 스가모역에서 가까우며 동과 서로 이동이 편한 위치에 있고 도에이미타센, JR 두 노선을 이용할 수 있어 〈3데이즈 in 도쿄〉에 실린 지역들로 이동하는 데 불편함이 없다. 하네다공항까지는 미타역에서 한 번 갈아타지만, 이동 루트에 모두 에스컬레이터가 있어 편하다.

냉장고 옆에 이동 가능한 인덕션이 세워져 있다. 냉장고는 안에 온도 조절계가 있어 적정 온도로 돌려야만 작동이 된다.

🏨 도에이미타센 스가모역 A3 출구에서 도보 5분
🏢 東京都豊島区巣鴨3-6-16
📞 +813-5974-9150
🔖 www.flexstayinn.com/location/sugamo

레인보우 브릿지
P.108

오다이바 가이힌코엔역

덱스 도쿄 비치
P.109

자유의 여신상

전망데크

유메노 오하시

도쿄 텔레포트

후지테레비
P.111

다이칸란샤 P.113

다이바역

비너스포트 P.112

다이바시티
도쿄 플라자
P.110

아오우미역

후네노카가쿠칸역

텔레콤센터역

일본 여행만 십수 회,
그중에서 절반 이상은 도쿄 여행이 차지합니다.

매력적인 도시 도쿄.
오랫동안 일본의 수도로서 중심을 지켜온 도쿄에는
옛 에도 시대의 모습이 남아있는 관광지부터
첨단 관광 시설까지 볼거리가 가득합니다.

〈3데이즈 in 도쿄〉에는 메이저한 관광지보다는
숨어있는 명소를 싣기 위해 노력하였습니다.
물론 소개하지 않기에는 조금 아쉬워 추가한 유명 관광지도 있지만
대부분은 관광객보다는 현지인이 많이 찾는 곳 위주로 소개하고
유용한 팁을 제공하는 데 중점을 두었습니다.

직접 걸어 다니며 취재를 했기 때문에
따라서 걷기에 무리 없는 스케줄로 구성되어 있으며
다양한 선택지를 제시하여 자신의 취향에 맞는
여행을 할 수 있도록 돕는 책이 되고자 하였습니다.

취재를 하며 즐겁고 행복한 추억이 많이 쌓인 만큼
〈3데이즈 in 도쿄〉와 함께 여행을 하시는 모든 분들 또한
행복하셨으면 좋겠습니다.

감사합니다.

취재 협력

Mayumi Kanzaki
Ayana Sugiyama

3데이즈 *in* 도쿄

초판 1쇄 2015년 10월 30일

발행인 양원석
편집장 고현진
취재 · 편집 강제능
디자인 RHK 디자인연구소 이창진
해외저작권 황지현
제작 문태일
영업마케팅 정상희, 김민수, 장현기, 이영인, 정미진, 이선미

펴낸 곳 (주)알에이치코리아
주소 서울시 금천구 가산디지털2로 53 한라시그마밸리 20층
편집 문의 02-6443-8930 **구입 문의** 02-6443-8838
홈페이지 http://rhk.co.kr
등록 2004년 1월 15일 제 2-3726호

ISBN 978-89-255-5765-6(13980)